■ 中国气象局成都高原气象研究所基本科研业务费专项资助
项目名称：西南低涡年鉴的研编
项目编号：自然基金面上项目41275051；BROP201707

2016
西南低涡 ■
年鉴

中国气象局成都高原气象研究所
中国气象学会高原气象学委员会 　编著

李跃清　闵文彬　彭 骏　徐会明　肖递祥　罗 清　向朔育　张虹娇

科 学 出 版 社

北 京

内 容 简 介

西南低涡是影响我国灾害性天气的重要天气系统。本年鉴根据对2016年西南低涡的系统分析，得出该年西南低涡的编号、名称、日期对照表、概况、影响简表、影响地区分布表、中心位置资料表及活动路径图，计算得出该年影响降水的各次西南低涡过程的总降水量图、总降水日数图。

本年鉴可供气象、水文、水利、农业、林业、环保、航空、军事、地质、国土、民政、高原山地等方面的科技人员参考，也可作为相关专业教师、研究生、本科生的基本资料。

审图号：GS(2009)1573号

图书在版编目(CIP)数据

西南低涡年鉴. 2016 / 中国气象局成都高原气象研究所，中国气象学会高原气象学委员会编著. --北京：科学出版社，2017.12
　ISBN 978-7-03-055771-1

Ⅰ.①西… Ⅱ.①中… ②中… Ⅲ.①低涡－天气图－西南地区－2016－年鉴 Ⅳ.①P447-54

中国版本图书馆CIP数据核字(2017)第298654号

责任编辑：罗　吉　许　瑞
责任校对：刘亚琦 / 责任印制：肖　兴

科学出版社 出版
北京东黄城根北街 16 号
邮政编码：100717
http://www.sciencep.com
中国科学院印刷厂 印刷
科学出版社发行　各地新华书店经销
*
2017年12月第 一 版　开本：A4 (880×1230)
2017年12月第一次印刷　印张：14 1/2
字数：490 000

定价：598.00元
（如有印装质量问题，我社负责调换）

前　言

西南低涡（简称西南涡）是在青藏高原特殊地形影响下，我国西南地区生成的特有的天气系统。其发生、发展和移动常常伴随暴雨、洪涝等气象灾害，并且，我国夏季多发泥石流、滑坡等地质灾害，在很大程度上也与西南低涡的发展、东移密切相关。西南低涡不仅影响我国西南地区，而且东移影响我国青藏高原以东广大地区，是我国主要的灾害性天气系统，它造成的暴雨强度、频次、范围仅次于台风及残余低压。

新中国成立以来，随着观测站网的建立，卫星资料的应用，以及我国第一、第二次青藏高原大气科学试验的开展，尤其是中国气象局成都高原气象研究所近几年实施的西南低涡加密观测科学试验，关于西南低涡的科研工作也取得了一些新的成果，使我国西南低涡的科学研究、业务预报水平不断提升，在气象服务中做出了显著的贡献。

为了进一步适应经济社会发展、人民生活生产的需要，满足广大气象、农业、水利、国防、经济等部门科研、业务和教学的要求，更好地掌握西南低涡的演变规律，系统地认识西南低涡发生、发展的基本特征，提高科学研究水平和预报技术能力，做好气象灾害的防御工作，由中国气象局成都高原气象研究所负责，四川省气象台等单位参加，组织人员，开展了西南低涡年鉴的研编工作。

经过项目组的共同努力，以及有关省、市、自治区气象局的大力协助，西南低涡年鉴顺利完成。它的整编出版，将为我国西南低涡研究和应用提供基础性保障，推动我国灾害性天气研究与业务的深入发展，发挥对国家防灾减灾、环境保护、公共安全的气象支撑作用。

本年鉴由中国气象局成都高原气象研究所李跃清、闵文彬、彭骏、罗清、向朔育，四川省气象台肖递祥，成都市气象台徐会明，四川省气象服务中心张虹娇完成。

本册《西南低涡年鉴2016》的内容主要包括西南低涡概况、路径以及西南低涡引起的降水等资料图表。

Foreword

As a unique weather system, the Southwest China Vortex (SCV) is originated in Southwest China due to the terrain effect of Tibetan Plateau. Rain storms, floods and other meteorological disasters are usually caused by the generation, development and movement of SCV, frequently resulting in the natural disasters such as mud-rock flow and landslide in summer. The moving SCV could bring strong rainfall over the vast areas east of Tibetan Plateau stretching from Southwest China to Central-Eastern China. As a severe weather system, the SCV is known just to be inferior to the typhoon and its residual low in respect of intensity, periods and areas of rainfall in China.

After the foundation of P. R. China, the enormous advances of scientific research and operational prediction on the SCV have been made along with the establishment of meteorological monitoring network and the application of satellite data. The achievements from the First and the Second Tibetan Plateau Experiment of Atmospheric Sciences, especially the intensive observation scientific experiment of SCV organized by Institute of Plateau Meteorology, China Meteorological Administration, Chengdu (IPM) during recent years have already benefited the scientific research of SCV, its operational weather prediction and the meteorological service in disaster prevention and the public safety.

To further adapt to the economic social development with the people life and production requirements and to meet the demands of research, teaching and professional work in meteorological agricultural, hydrological, military, and economic sectors, the characterizations of SCV generation and evolution should be better and comprehensively understood, improving the scientific level and forecast capacity of SCV for more efficient disaster prevention, Therefore, IPM organized to compile the SCV Yearbook with the participation of Sichuan Provincial Meteorological Observatory (SPMO) and the other groups.

With the joint efforts of all research groups and the great support from related meteorological bureaus of provinces, autonomous Regions and cities, this *SCV Yearbook* has been completed successfully. It provides the basis summary for the SCV research and the application, promoting our scientific research and operational forecast of hazardous weather. And it could be useful to the natural disaster prevention, environment protection and public safety service in China.

The *SCV Yearbook* has been accomplished by Li Yueqing, Min Wenbin, Peng Jun, Luo Qing and Xiang Shuoyu of IPM, Xiao Dixiang of SPMO, Xu Huiming of Chengdu Municipal Meteorological Observatory and Zhang Hongjiao of Sichuan Meteorological Service Center.

The *SCV Yearbook* is mainly composed of figures, tables and data of SCV-survey, -tracks and -rainfall.

说　明

　　本年鉴主要整编西南低涡生成的位置、路径及西南低涡引起的降水量、降水日数等基本资料。

　　西南低涡是指700hPa等压面上反映的生成于青藏高原背风坡(99°~109°E、26°~33°N)，连续出现两次或者只出现一次但伴有云涡，有闭合等高线的低压或有三个站风向呈气旋式环流的低涡。

　　冬半年指1~4月和11~12月，夏半年指5~10月。

　　本年鉴所用时间一律为北京时间。

● **西南低涡概况**

　　西南低涡根据低涡生成区域可以分为九龙低涡、四川盆地低涡(简称盆地涡)和小金低涡。

　　九龙低涡是指生成于99°E以东至<104°E、26°N以北至≤30.5°N范围内的低涡。

　　小金低涡是指生成于99°E以东至<104°E、30.5°N以北至≤33°N范围内的低涡。

　　四川盆地低涡是指生成于104°E以东至109°E、26°N以北至33°N范围内的低涡。

　　西南低涡移出是指九龙低涡、四川盆地低涡、小金低涡移出其生成的区域。

　　西南低涡编号是以"D"字母开头，按年份的后二位数与当年低涡顺序三位数组成。

　　西南低涡移出几率是指某月西南低涡移出个数与该年西南低涡个数的百分比。

　　西南低涡月移出率是指某月西南低涡移出个数与该年西南低涡移出个数的百分比。

　　西南低涡当月移出率是指某月西南低涡移出个数与该月西南低涡个数的百分比。

　　九龙低涡或四川盆地低涡或小金低涡移出几率是指某月移出其生成区域的低涡个数与该年其生成区域低涡个数的百分比。

　　九龙低涡或四川盆地低涡或小金低涡月移出率是指某月移出其生成区域的低涡个数与该年移出其生成区域低涡个数的百分比。

　　九龙低涡或四川盆地低涡或小金低涡当月移出率是指某月移出其生成区域的低涡个数与该月其生成区域低涡个数的百分比。

　　西南低涡中心位势高度最小值频率分布指按各时次西南低涡700hPa等压面上位势高度（单位：位势什米）最小值统计的频率分布。

说　明

● 西南低涡中心位置资料表

　　"中心强度"指在700hPa等压面上低涡中心位势高度，单位：位势什米。

● 西南低涡纪要表

　　1."发现点"指不同涡源的西南低涡活动路径的起始点，由于资料所限，此点不一定是真正的源地。

　　2.西南低涡活动的发现点、移出涡源的地点，一般准确到县、市。

　　3."转向"指路径总的趋向由向某一个方向移动转为向另一个方向移动。

　　4."移出涡源区"指西南低涡移出其发现点所属的低涡(九龙低涡或四川盆地低涡或小金低涡)生成的范围。

● 西南低涡降水及移动路径

　　1.降水量统计使用的是12小时雨量资料。

　　2.西南低涡和其他天气系统共同造成的降水，仍列入整编。

　　3."总降水量及移动路径图"指一次西南低涡活动过程的移动路径和在我国引起的总降水量分布图。总降水量一般按0.1mm、10mm、25mm、50mm、100mm等级，以色标示出，绘出降水区外廓线，标注出中心最大的总降水量数值。

　　4."总降水日数图"指一次西南低涡活动过程在我国引起的总降水量≥0.1mm的降水日数区域分布图。

C 目 录
ontents

C 目 录
ontents

C目 录
ontents

目 录
Contents

C 目 录 ontents

C目 录
ontents

2016年
西南低涡概况

2016年发生在西南地区的低涡共有89个，其中在四川九龙附近生成的低涡有44个，在四川盆地生成的低涡有38个，在四川小金附近生成的低涡有7个（表1~表4）。

2016年西南低涡最早生成在1月初，最迟生成在12月底。虽然每月都有西南低涡生成，但生成个数存在较大差异，4月生成最多，有16个，2月、6月、9月次之，2月有11个，6、9月各生成了10个，这四个月生成的低涡个数占全年的52.82%，7月西南低涡生成个数最少，只有3个，占全年的3.37%（表1）。

2016年九龙低涡最早生成在1月初，最迟生成在12月初，九龙低涡2月、4月和6月生成个数较多，分别为6个、11个和6个，共23个，占全年的52.28%，除11月外，其他各月均有九龙低涡生成（表2）。四川盆地低涡最早生成在1月上旬，最迟生成在12月下旬。1月和3月生成个数最多，分别有5个，占全年的26.32%，7月没有盆地低涡生成（表3）。

小金低涡最早生成在2月上旬，最迟生成在12月底，2月生成个数最多，有3个，占全年的42.86%，1月、5月、6月、7月、8月、10月和11月均没有小金低涡生成（表4）。

2016年移出的西南低涡共有23个（表5），其中九龙低涡移出10个，四川盆地低涡移出9个，小金低涡移出4个（表6~表8）。西南低涡移出的地点分布于四川、重庆、贵州、湖北、湖南和河南6个省市，其中四川10个，湖北7个，重庆、河南各2个，贵州、湖南各1个（表9）。九龙低涡移出的地点分布于四川、重庆和贵州3个省市，其中四川8个，重庆1个，贵州1个（表10）。四川盆地低涡移出的地点分布于湖北、湖南和河南3个省，其中湖北6个，湖南1个，河南2个（表11）。小金低涡移出的地点主要分布于四川、重庆和湖北3个省市，其中四川2个，重庆1个，湖北1个（表12）。

2016年西南低涡中心位势高度最小值在304~311位势什米范围内最

多，占73.86%（表13）。夏半年的西南低涡，97.80%的中心位势高度最小值在304~314位势什米范围内，中心位势高度最小值在308~311位势什米范围内最多，占47.26%；冬半年的西南低涡，75%的中心位势高度最小值在304~311位势什米范围内，中心位势高度最小值在304~307位势什米范围内最多，占42.59%（表15）。

2016年西南低涡偏南风最大风速在4~12m/s的频率最多，占79.8%（表16）。夏半年，西南低涡偏南风最大风速在4~12m/s的频率最多，占92.3%（表17）。冬半年，西南低涡偏南风最大风速在6~14m/s范围内的频率最多，占72.91%（表18）。

2016年的89次西南低涡过程，造成明显降水的有88次，无降水的有1次。西南低涡过程降水量在100mm以上的有13次，200mm以上的有3次，对应的西南低涡编号分别为D16054、D16057和D16058，300mm以上只有1次，其对应的西南低涡编号是D16057，造成湖北麻城过程降水量达333.6mm，降水日数为1天。

就西南低涡造成的过程降水量、影响范围和持续时间而言，D16043、D16057和D16058号西南低涡较为突出。

D16057号四川盆地低涡是本年度单站过程降水量最大的西南低涡，生成于四川射洪，历时2天。该低涡于6月30日08时生成，中心强度为308位势什米，生成后向东北方向移动，6月30日20时移至重庆开州，持续向东北方向移动，7月1日08时移出源地至湖北钟祥，中心强度增强为305位势什米，然后减弱消失。受其影响，四川东部、甘肃南部、陕西南部、河南西南部、安徽西南部、江西西北部、湖北、湖南北部、重庆、贵州北部和云南东北部个别地区，均有降水，其中四川、重庆、湖北、湖南和安徽有成片降水量大于50mm的区域，其中湖北麻城过程降水量为333.6mm，降水日数为1天，同时重庆荣昌、四川邻水、浙江武义和湖南慈利的过程降水量均大于100mm。

D16043号四川盆地低涡是本年度对我国降水影响范围最大的西南低涡，生成于四川巴中，历时4天。该低涡生成于5月6日20时，中心强度为303位势什米，生成后低涡向东南移动；7日08时低涡移至重庆云阳，并转向为西北移动，到7日20时，低涡移至四川西北角的万源，再次转向，变为东北移，到8日08时，低涡移至河南卢氏，并移出盆地涡源区，中心强度减弱为308

位势什米；然后低涡持续保持东北向移动，于9日08时减弱消失于河南商丘，受其影响，在低涡的移动路径上造成大范围降水，其分布区域主要在四川东半部、甘肃南部、陕西南部、山西南部、河北南部、山东、江苏北部、安徽北部、河南、湖北北、西部、湖南西部、重庆、贵州北半部和云南东北部地区，其中四川、陕西、重庆、湖北、湖南和贵州有成片降水量大于50mm的区域，四川宣汉的降水量为111.7mm，降水日数为2天。

D16058号九龙低涡是本年度影响我国西南部单站过程降水量最大的西南低涡，在四川雅江生成，历时2天。该低涡生成于7月5日08时，中心强度为306位势什米，生成后低涡向西南移动；5日20时，低涡移至四川木里，中心强度减弱为308位势什米，然后低涡在木里保持不动，并于6日08时减弱消失于木里。该低涡造成我国西部大范围降水，受其影响四川大部、重庆西南部、贵州西北部和云南北部地区均有降水，在云南、四川有降水量大于25mm的成片区域，其中四川洪雅降水量最大，为253.2mm，降水日数为2天。

表1　2016年西南低涡出现频次

	1月	2月	3月	4月	5月	6月	7月	8月	9月	10月	11月	12月	全年
次数	6	11	8	16	6	10	3	4	10	6	4	5	89
频率 / %	6.74	12.36	8.99	17.98	6.74	11.24	3.37	4.49	11.24	6.74	4.49	5.62	100

表2　2016年九龙低涡出现频次

	1月	2月	3月	4月	5月	6月	7月	8月	9月	10月	11月	12月	全年
次数	1	6	2	11	3	6	3	2	5	4	0	1	44
频率 / %	2.27	13.64	4.55	25.00	6.82	13.64	6.82	4.55	11.36	9.08	0.00	2.27	100

表3　2016年四川盆地低涡出现频次

	1月	2月	3月	4月	5月	6月	7月	8月	9月	10月	11月	12月	全年
次数	5	2	5	4	3	4	0	2	4	2	4	3	38
频率 / %	13.16	5.26	13.16	10.53	7.89	10.53	0.00	5.26	10.53	5.26	10.53	7.89	100

表4　2016年小金低涡出现频次

	1月	2月	3月	4月	5月	6月	7月	8月	9月	10月	11月	12月	全年
次数	0	3	1	1	0	0	0	0	1	0	0	1	7
频率 / %	0.00	42.86	14.28	14.28	0.00	0.00	0.00	0.00	14.29	0.00	0.00	14.29	100

表5　2016年西南低涡移出源地次数

	1月	2月	3月	4月	5月	6月	7月	8月	9月	10月	11月	12月	全年
次数	2	2	5	6	2	3	0	0	2	0	0	1	23
移出几率 / %	2.25	2.25	5.62	6.74	2.25	3.37	0.00	0.00	2.25	0.00	0.00	1.12	25.85
月移出率 / %	8.70	8.70	21.74	26.08	8.70	13.04	0.00	0.00	8.70	0.00	0.00	4.34	100
当月移出率 / %	33.33	18.18	62.50	37.50	33.33	30.00	0.00	0.00	20.00	0.00	0.00	20.00	/

表6　2016年九龙低涡移出源地次数

	1月	2月	3月	4月	5月	6月	7月	8月	9月	10月	11月	12月	全年
次数	1	0	2	5	0	1	0	0	1	0	0	0	10
移出几率 / %	2.27	0.00	4.55	11.36	0.00	2.27	0.00	0.00	2.27	0.00	0.00	0.00	22.72
月移出率 / %	10.00	0.00	20.00	50.00	0.00	10.00	0.00	0.00	10.00	0.00	0.00	0.00	100
当月移出率 / %	100.00	0.00	100.00	45.45	0.00	16.67	0.00	0.00	20.00	0.00	0.00	0.00	/

表7　2016年四川盆地低涡移出源地次数

	1月	2月	3月	4月	5月	6月	7月	8月	9月	10月	11月	12月	全年
次数	1	1	2	0	2	2	0	0	1	0	0	0	9
移出几率 / %	2.63	2.63	5.26	0.00	5.26	5.26	0.00	0.00	2.63	0.00	0.00	0.00	23.67
月移出率 / %	11.11	11.11	22.22	0.00	22.22	22.22	0.00	0.00	11.12	0.00	0.00	0.00	100
当月移出率 / %	20.00	50.00	40.00	0.00	66.67	50.00	0.00	0.00	25.00	0.00	0.00	0.00	/

表8 2016年小金低涡移出源地次数

	1月	2月	3月	4月	5月	6月	7月	8月	9月	10月	11月	12月	全年
次数	0	1	1	1	0	0	0	0	0	0	0	1	4
移出几率 / %	0.00	14.28	14.28	14.29	0.00	0.00	0.00	0.00	0.00	0.00	0.00	14.29	57.14
月移出率 / %	0.00	25.00	25.00	25.00	0.00	0.00	0.00	0.00	0.00	0.00	0.00	25.00	100
当月移出率 / %	0.00	33.33	100.00	100.00	0.00	0.00	0.00	0.00	0.00	0.00	0.00	100.00	/

表9 2016年西南低涡移出源地的地区分布

	四川	陕西	重庆	贵州	云南	湖北	湖南	甘肃	安徽	河南	合计
次数	10	0	2	1	0	7	1	0	0	2	23
出源地率 / %	43.47	0.00	8.70	4.35	0.00	30.43	4.35	0.00	0.00	8.70	100

表10 2016年九龙低涡移出源地的地区分布

	四川	陕西	重庆	贵州	云南	湖北	湖南	甘肃	安徽	河南	合计
次数	8	0	1	1	0	0	0	0	0	0	10
出源地率 / %	80.00	0.00	10.00	10.00	0.00	0.00	0.00	0.00	0.00	0.00	100

表11　2016年四川盆地低涡移出源地的地区分布

	四川	陕西	重庆	贵州	云南	湖北	湖南	甘肃	安徽	河南	合计
次数	0	0	0	0	0	6	1	0	0	2	9
出源地率 / %	0.00	0.00	0.00	0.00	0.00	66.67	11.11	0.00	0.00	22.22	100

表12　2016年小金低涡移出源地的地区分布

	四川	陕西	重庆	贵州	云南	湖北	湖南	甘肃	安徽	河南	合计
次数	2	0	1	0	0	1	0	0	0	0	4
出源地率 / %	50.00	0.00	25.00	0.00	0.00	25.00	0.00	0.00	0.00	0.00	100

表13　2016年西南低涡中心强度频率分布

位势高度 / 位势什米	314 | 312	311 | 308	307 | 304	303 | 300	299 | 296	295 | 292	291 | 288	287 | 284	283 | 280
频率 / %	14.07	39.19	34.67	9.05	3.02				

表14　2016年夏半年西南低涡中心强度频率分布

位势高度 / 位势什米	314 | 312	311 | 308	307 | 304	303 | 300	299 | 296	295 | 292	291 | 288	287 | 284	283 | 280
频率 / %	25.27	47.26	25.27	2.2					

表15 2016年冬半年西南低涡中心强度频率分布

位势高度 /位势什米	314 | 312	311 | 308	307 | 304	303 | 300	299 | 296	295 | 292	291 | 288	287 | 284	283 | 280
频率 / %	4.63	32.41	42.59	14.81	5.56				

表16 2016年西南低涡偏南风最大风速频率分布

最大风速 /(m/s)	2	4	6	8	10	12	14	16	18	20	22	24
频率 / %	2.02	11.62	15.15	20.20	17.68	15.15	8.08	5.56	3.54	0.50	0.00	0.50

表17 2016年夏半年西南低涡偏南风最大风速频率分布

最大风速 /(m/s)	2	4	6	8	10	12	14	16	18	20	22	24
频率 / %	0.00	15.38	19.78	18.68	19.78	18.68	3.30	2.20	2.20			

表18 2016年冬半年西南低涡偏南风最大风速频率分布

最大风速 /(m/s)	2	4	6	8	10	12	14	16	18	20	22	24
频率 / %	3.74	8.41	11.22	21.50	15.89	12.15	12.15	8.41	4.67	0.93	0.00	0.93

2016年西南低涡纪要表

序号	编号	中英文名称	起止日期 (月/日)	中心最小位势高度/位势什米	发现点经纬度	移出涡源的地点	移出涡源的时间 (月/日时)	移出涡源中心位势高度/位势什米	路径趋向
1	D16001	雅江, Yajiang	1/6～1/7	304	29.59°N,100.96°E	万源	1/7[08]	308	东北行
2	D16002	邻水, Linshui	1/9～1/10	304	30.42°N,107.14°E				源地附近活动
3	D16003	南充, Nanchong	1/16～1/17	297	30.76°N,106.32°E	随州	1/16[20]	299	东北行
4	D16004	广安, Guangan	1/22	308	30.65°N,106.85°E				源地生消
5	D16005	西充, Xichong	1/28	301	31.03°N,105.71°E				东南行
6	D16006	南江, Nanjiang	1/30～1/31	304	31.98°N,106.46°E				南行
7	D16007	木里, Muli	2/4	307	28.34°N,100.73°E				源地生消
8	D16008	乡城, Xiangcheng	2/5	308	28.87°N,99.97°E				源地生消
9	D16009	茂县, Maoxian	2/8	306	32.04°N,103.72°E				源地生消
10	D16010	南充, Nanchong	2/14	305	30.92°N,106.31°E				源地生消
11	D16011	茂县, Maoxian	2/15～2/17	307	30.78°N,103.68°E	潼南	2/16[08]	308	东南行转西北行
12	D16012	九龙, Jiulong	2/17～2/18	306	29.11°N,101.35°E				东行
13	D16013	盐源, Yanyuan	2/19	308	27.27°N,101.4°E				源地生消

2016年西南低涡纪要表（续-1）

序号	编号	中英文名称	起止日期（月/日）	中心最小位势高度/位势什米	发现点经纬度	移出涡源的地点	移出涡源的时间（月/日[时]）	移出涡源中心位势高度/位势什米	路径趋向
14	D16014	九寨沟，Jiuzhaigou	2/20～2/21	300	32.97°N,103.87°E				源地附近活动
15	D16015	康定，Kangding	2/21	297	30.38°N,101.78°E				南行
16	D16016	桐梓，Tongzi	2/23	311	28.09°N,106.56°E	常德	2/23[20]	312	东北行
17	D16017	木里，Muli	2/25	312	28.85°N,100.70°E				源地生消
18	D16018	南部，Nanbu	3/1	309	31.39°N,106.08°E				源地生消
19	D16019	九龙，Jiulong	3/4～3/5	307	28.92°N,101.74°E	思南	3/5[08]	310	东南行
20	D16020	茂县，Maoxian	3/6～3/8	302	31.78°N,103.40°E	利川	3/8[08]	303	渐西南行转东南行转西北行
21	D16021	九龙，Jiulong	3/8～3/9	304	29.05°N,101.80°E	巴中	3/9[08]	305	东北行
22	D16022	万州，Wanzhou	3/12	301	30.94°N,108.47°E				源地生消
23	D16023	通江，Tongjiang	3/17	303	32.14°N,107.19°E				源地生消
24	D16024	渠县，Quxian	3/22～3/24	305	30.72°N,107.06°E	长阳	3/23[20]	310	渐东行
25	D16025	遂宁，Suining	3/29～3/31	304	30.56°N,105.51°E	钟祥	3/30[08]	307	东北行
26	D16026	安岳，Anyue	4/1	306	30.13°N,105.25°E				东北行

2016年西南低涡纪要表（续-2）

序号	编号	中英文名称	起止日期 （月/日）	中心最小 位势高度 /位势什米	发现点 经纬度	移出涡源 的地点	移出涡源 的时间 （月/日^时）	移出涡源中 心位势高度 /位势什米	路径趋向
27	D16027	松潘, Songpan	4/2～4/3	306	32.27°N,103.46°E	武胜	4/3⁰⁸	308	东南行
28	D16028	雅江, Yajiang	4/5	298	29.63°N,101.14°E				源地生消
29	D16029	康定, Kangding	4/7～4/10	306	29.22°N,101.23°E	简阳	4/8²⁰	308	西北行转东北行 转东南行
30	D16030	九龙, Jiulong	4/9	303	29.07°N,101.32°E				源地生消
31	D16031	康定, Kangding	4/13～4/14	300	29.87°N,101.63°E	蓬溪	4/14⁰⁸	305	东北行
32	D16032	九龙, Jiulong	4/17	309	28.90°N,101.48°E				西南行
33	D16033	开县, Kaixian	4/19	306	31.00°N,108.17°E				源地生消
34	D16034	九龙, Jiulong	4/19～4/20	305	29.09°N,101.47°E	广安	4/20⁰⁸	307	东北行
35	D16035	邻水, Linshui	4/21	309	30.46°N,107.07°E				源地生消
36	D16036	木里, Muli	4/21～4/23	303	28.51°N,101.46°E	南充	4/22²⁰	303	东南行转东北行
37	D16037	木里, Muli	4/22～4/23	301	28.76°N,100.85°E				源地附近活动
38	D16038	九龙, Jiulong	4/24	305	28.95°N,101.45°E				源地生消
39	D16039	遂宁, Suining	4/24	306	30.33°N,105.59°E				源地生消

2016年西南低涡纪要表（续-3）

序号	编号	中英文名称	起止日期（月/日）	中心最小位势高度/位势什米	发现点经纬度	移出涡源的地点	移出涡源的时间（月/日时）	移出涡源中心位势高度/位势什米	路径趋向
40	D16040	木里, Muli	4/25~4/26	303	29.01°N,101.07°E				东南行
41	D16041	九龙, Jiulong	4/27~4/30	307	28.86°N,101.34°E	东兴	4/29[20]	309	西南行转东南行 转东北行
42	D16042	木里, Muli	5/5	309	28.48°N,101.14°E				源地生消
43	D16043	巴中, Bazhong	5/6~5/9	303	31.68°N,106.75°E	卢氏	5/8[08]	308	东南行转西北行 转东北行
44	D16044	木里, Muli	5/7	308	28.66°N,101.00°E				源地生消
45	D16045	蓬溪, Pengxi	5/19~5/22	307	30.7°N,104.51°E	罗田	5/20[20]	308	渐东行转西北行 转东北行
46	D16046	宁蒗, Ninglang	5/22	307	27.46°N,100.45°E				源地生消
47	D16047	平武, Pingwu	5/24~5/26	304	32.28°N,104.4°E				东南行转东北行
48	D16048	蓬安, Pengan	6/1~6/2	306	31.10°N,106.24°E	鲁山	6/2[20]	307	渐东北行
49	D16049	九龙, Jiulong	6/2	307	29.26°N,101.54°E				源地生消
50	D16050	雅江, Yajiang	6/4	308	29.13°N,100.98°E				源地生消
51	D16051	纳雍, Nayong	6/7	312	26.85°N,105.49°E				源地生消
52	D16052	雅江, Yajiang	6/8	308	29.72°N,100.78°E				源地生消

2016年西南低涡纪要表（续-4）

序号	编号	中英文名称	起止日期 （月/日）	中心最小 位势高度 /位势什米	发现点 经纬度	移出涡源 的地点	移出涡源 的时间 （月/日时）	移出涡源中 心位势高度 /位势什米	路径趋向
53	D16053	木里, Muli	6/9～6/11	306	28.73°N,100.76°E				东南行
54	D16054	乐至, Lezhi	6/19	308	30.27°N,105.17°E				东南行
55	D16055	康定, Kangding	6/21～6/22	308	29.55°N,101.63°E	九寨沟	6/22[20]	308	渐南行转东北行
56	D16056	木里, Muli	6/28	307	28.82°N,100.87°E				源地生消
57	D16057	射洪, Shehong	6/30～7/1	305	30.73°N,105.27°E	钟祥	7/1[08]	305	东北行
58	D16058	雅江, Yajiang	7/5～7/6	306	29.77°N,101.07°E				西南行
59	D16059	雅江, Yajiang	7/13～7/14	302	29.95°N,100.69°E				东北行转东南行
60	D16060	雅江, Yajiang	7/21	307	30.07°N,101.01°E				源地生消
61	D16061	永川, Yongchuan	8/9～8/10	309	29.38°N,105.70°E				源地附近活动
62	D16062	康定, Kangding	8/18	308	30.23°N,101.88°E				源地生消
63	D16063	盐源, Yanyuan	8/30	309	27.38°N,101.35°E				西北行
64	D16064	万源, Wanyuan	8/30	311	32.06°N,108.03°E				源地生消
65	D16065	松潘, Songpan	9/2	309	32.45°N,103.88°E				源地生消

2016年西南低涡纪要表（续-5）

序号	编号	中英文名称	起止日期（月/日）	中心最小位势高度/位势什米	发现点经纬度	移出涡源的地点	移出涡源的时间（月/日时）	移出涡源中心位势高度/位势什米	路径趋向
66	D16066	盐源, Yanyuan	9/4～9/5	305	27.36°N,101.11°E				西行转东北行
67	D16067	苍溪, Cangxi	9/9～9/10	311	30.95°N,106.06°E	钟祥	9/9[20]	312	渐东行
68	D16068	南部, Nanbu	9/14～9/15	313	31.15°N,106.23°E				源地附近活动
69	D16069	雅江, Yajiang	9/18～9/19	311	29.51°N,101.08°E				东南行
70	D16070	南充, Nanchong	9/19	314	30.81°N,105.85°E				源地生消
71	D16071	雅江, Yajiang	9/22～9/23	313	29.82°N,100.83°E	永川	9/23[08]	313	东南行
72	D16072	通江, Tongjiang	9/26～9/27	312	31.92°N,107.48°E				源地附近活动
73	D16073	香格里拉, Xianggelila	9/28	313	27.46°N,99.80°E				源地生消
74	D16074	香格里拉, Xianggelila	9/29～10/1	311	27.87°N,99.71°E				源地附近活动
75	D16075	香格里拉, Xianggelila	10/8	314	28.12°N,99.79°E				源地生消
76	D16076	大足, Dazu	10/9～10/12	310	29.60°N,105.68°E				北行转东北行
77	D16077	乡城, Xiangcheng	10/11	308	29.44°N,99.68°E				源地生消
78	D16078	康定, Kangding	10/22	309	30.37°N,101.44°E				源地附近活动

2016年西南低涡纪要表（续-6）

序号	编号	中英文名称	起止日期 （月/日）	中心最小 位势高度 /位势什米	发现点 经纬度	移出涡源 的地点	移出涡源 的时间 （月/日^时）	移出涡源中 心位势高度 /位势什米	路径趋向
79	D16079	西充, Xichong	10/28～10/29	312	30.96°N,105.69°E				源地附近活动
80	D16080	九龙, Jiulong	10/30	312	30.07°N,101.73°E				源地生消
81	D16081	剑阁, Jiange	11/6～11/7	310	31.82°N,105.73°E				东南行
82	D16082	威远, Weiyuan	11/12	308	29.61°N,104.30°E				北行
83	D16083	梓潼, Zitong	11/13～11/14	308	31.52°N,105.09°E				东南行
84	D16084	苍溪, Cangxi	11/16	309	31.78°N,106.01°E				源地附近活动
85	D16085	木里, Muli	12/3	313	28.19°N,100.47°E				源地生消
86	D16086	安岳, Anyue	12/12	304	30.00°N,105.04°E				源地生消
87	D16087	忠县, Zhongxian	12/15	312	30.29°N,107.84°E				源地生消
88	D16088	简阳, Jianyang	12/25	303	30.34°N,104.47°E				东北行
89	D16089	黑水, Heishui	12/30～12/31	309	31.93°N,103.42°E	阆中	12/31⁰⁸	310	东南行

2016年西南低涡对我国降水影响简表

序号	编号	简述活动的情况	西南低涡对我国降水的影响		
			时间（月/日）	概况	极值
1	D16001	九龙低涡东北行	1/6～1/7	降水区域有四川中、东部、甘肃东南部、陕西南部、湖北西部、重庆大部、贵州北部和云南东北部地区，降水日数为1～2天	重庆垫江 19.3mm（2天）
2	D16002	盆地低涡源地附近活动	1/9～1/10	降水区域有四川中、东部、陕西南部、重庆大部、湖北西南部、贵州北部和云南东北部地区，降水日数为1～2天	四川郫县 10.2mm（2天）
3	D16003	盆地低涡东北行	1/16～1/17	降水区域有四川北、东部、重庆大部、陕西南部、河南南部、湖北、安徽东、南部、江苏南部、上海、浙江大部、江西北部、湖南北部、贵州北部和云南东北部地区，降水日数为1～2天	浙江湖州 20.6mm（1天）
4	D16004	盆地低涡源地生消	1/22～1/23	降水区域有四川中、东部、重庆大部、贵州北部和云南东北部地区，降水日数为1～2天	重庆涪陵 25.5mm（2天）
5	D16005	盆地低涡东南行	1/28～1/29	降水区域有四川中、东部、重庆大部、湖北西南部和贵州北部地区，降水日数为1天	湖北恩施 2.3mm（1天）
6	D16006	盆地低涡南行	1/30～1/31	降水区域有四川中、南、东部、甘肃南部、陕西南部、湖北西部、重庆大部、贵州北部和云南东北部地区，降水日数为1～2天	重庆南川 11.1mm（1天）
7	D16007	九龙低涡源地生消	2/4	降水区域有云南西北部地区，降水日数为1天	云南福贡 0.6mm（1天）
8	D16008	九龙低涡源地生消	2/5	无降水	
9	D16009	小金低涡源地生消	2/8～2/9	降水区域有青海东南部和四川北部地区，降水日数为1天	四川阿坝 4.4mm（1天）
10	D16010	盆地低涡源地生消	2/14	降水区域有四川中、东部、陕西南部、重庆、湖北西南部、贵州北部和云南东北部个别地区，降水日数为1天	重庆忠县 19.9mm（1天）

2016年西南低涡对我国降水影响简表（续-1）

序号	编号	涡	西 南 低 涡 对 我 国 降 水 的 影 响		
			时间 （月/日）	概 况	极值
11	D16011	小金低涡东南行 转西北行	2/15～2/17	降水区域有四川中部、湖北西南部地区，降水日数为1～3天	四川天全 0.3mm（2天）
12	D16012	九龙低涡东行	2/17～2/18	降水区域有云南西北部个别地区和湖北西部个别地区，降水日数为1天	云南贡山 0.4mm（1天）
13	D16013	九龙低涡源地生消	2/19～2/20	降水区域有四川中、南部、云南中、东部和贵州西部地区，降水日数为1～2天	云南绿春 2.0mm（1天）
14	D16014	小金低涡 源地附近活动	2/20～2/21	降水区域有四川东、北部、甘肃南部、陕西南部、重庆大部地区和湖北西部地区，降水日数为1天	四川剑阁 10.6mm（1天）
15	D16015	九龙低涡南行	2/21～2/22	降水区域有四川中、南部和云南北部地区，降水日数为1～2天	四川名山 40.6mm（2天）
16	D16016	盆地低涡东北行	2/23～2/24	降水区域有四川中、东部、重庆大部、湖北西南部、湖南中、西部、贵州大部和云南东北部地区，降水日数为1～2天	四川新津 21.6mm（1天）
17	D16017	九龙低涡源地生消	2/25	降水区域有四川西、南部和云南东北部地区，降水日数为1天	云南贡山 14.1mm（1天）
18	D16018	盆地低涡源地生消	3/1～3/2	降水区域有四川东部和重庆西部个别地区，降水日数为1天	四川旺苍 0.4mm（1天）
19	D16019	九龙低涡东南行	3/4～3/5	降水区域有四川东南部、重庆南部、贵州、湖南西南部、广西北部和云南东部地区，降水日数为1～2天	贵州修文 53.1mm（1天）
20	D16020	小金低涡渐西南行 转东南行转西北行	3/6～3/9	降水区域有四川大部、甘肃南部、陕西南部、湖北西、南部、湖南北部、重庆、贵州北部和云南东北部地区，降水日数为1～2天	贵州绥阳 49.2mm（1天）

2016年西南低涡对我国降水影响简表（续-2）

序号	编号	简述活动的情况	西南低涡对我国降水的影响		
			时间（月/日）	概况	极值
21	D16021	九龙低涡东北行	3/8～3/9	降水区域有四川大部、甘肃南部、陕西南部、湖北西部、重庆大部、湖南西北部、贵州北部和云南东北部地区，降水日数为1～2天	重庆沙坪坝 39.5mm（1天）
22	D16022	盆地低涡源地生消	3/12～3/13	降水区域有四川中、东部、重庆中、南部、湖北西南部、贵州北部个别地区，降水日数为1～2天	四川双流 4.1mm（1天）
23	D16023	盆地低涡源地生消	3/17	降水区域有四川东部、陕西南部、湖北西北部和重庆北部地区，降水日数为1天	四川旺苍 5.8mm（1天）
24	D16024	盆地低涡渐东行	3/22～3/24	降水区域有四川中、东部、甘肃南部、陕西南部、湖北大部、江西西北部、湖南北部、重庆、贵州北部和云南东北部地区，降水日数为1～2天	重庆万盛 27.1mm（2天）
25	D16025	盆地低涡东北行	3/29～4/1	降水区域有四川中、东部、甘肃南部、陕西南部、湖北大部、河南东南部、安徽大部、江苏中、南部、上海、浙江大部、福建西北部、江西北部、湖南北部、重庆、贵州北部和云南东北部地区，降水日数为1～2天	湖北黄石 19.2mm（2天）
26	D16026	盆地低涡东北行	4/1～4/2	降水区域有四川中、东、南部，降水日数为1～2天	四川理县 2.3mm（2天）
27	D16027	小金低涡东南行	4/2～4/3	降水区域有四川中、东部、甘肃南部、陕西西南部和重庆中、南部和贵州北部地区，降水日数为1～2天	重庆南川 44.8mm（1天）
28	D16028	九龙低涡源地生消	4/5～4/6	降水区域有四川中、西、南部地区，降水日数为1～2天	四川天全 22.8mm（2天）
29	D16029	九龙低涡西北行转东北行转东南行	4/7～4/10	降水区域有四川大部、甘肃南部、陕西南部、湖北西部、湖南西北部、重庆、贵州北部和云南北、西部地区，降水日数为1～4天	重庆铜梁 47.4mm（3天）
30	D16030	九龙低涡源地生消	4/9～4/10	降水区域有四川南、西部地区，降水日数为1～2天	四川马边 7.5mm（2天）

2016年西南低涡对我国降水影响简表（续-3）

序号	编号	简述活动的情况	西南低涡对我国降水的影响		
			时间（月/日）	概 况	极值
31	D16031	九龙低涡东北行	4/13～4/15	降水区域有四川大部、甘肃南部、陕西南部、湖北西、北部、重庆大部、贵州北部和云南东北部，降水日数为1～2天	四川盐亭51.9mm（2天）
32	D16032	九龙低涡西南行	4/17～4/18	降水区域有四川中、南、西部和云南北部地区，降水日数为1～2天	四川宝兴27.8mm（1天）
33	D16033	盆地低涡源地生消	4/19～4/20	降水区域有重庆大部、湖北西南部、湖南北部和贵州东北部地区，降水日数为1～2天	湖南沅陵46.6mm（2天）湖南湘阴46.6mm（1天）
34	D16034	九龙低涡东北行	4/19～4/21	降水区域有四川西、中、东部、陕西南部、河南南部、安徽、江苏、上海、浙江大部、江西北部、湖北、湖南中、北部、重庆、贵州北部和云南西北部地区，降水日数为1～3天。其中湖南、湖北、安徽、江西和浙江有成片降水量大于50mm的区域，两个降水中心：安徽黄山为150.0mm，湖北通城为138.3mm	安徽黄山150.0mm（2天）
35	D16035	盆地低涡源地生消	4/21～4/22	降水区域有四川东部、重庆、湖北西南部、湖南西部、贵州北部和云南东北部个别地区，降水日数为1～2天	重庆彭水11.1mm（2天）
36	D16036	九龙低涡东南行转东北行	4/21～4/23	降水区域有四川中、南、东部、陕西南部、河南南部、安徽中、北部、湖北、湖南北部和重庆大部地区，降水日数为1～2天	湖北潜江26.7mm（1天）
37	D16037	九龙低涡源地附近活动	4/22～4/23	降水区域有四川西南部地区，降水日数为1～2天	四川西昌9.5mm（2天）
38	D16038	九龙低涡源地生消	4/24～4/25	降水区域有四川西南部和云南东北部个别地区，降雨日数为1～2天	四川稻城5.2mm（1天）
39	D16039	盆地低涡源地生消	4/24～4/25	降水区域有四川东部、重庆大部、湖北西南部和贵州北部地区，降水日数为1～2天	四川都江堰11.5mm（1天）

2016年西南低涡对我国降水影响简表（续-4）

序号	编号	简述活动的情况	西南低涡对我国降水的影响		
			时间（月/日）	概况	极值
40	D16040	九龙低涡东南行	4/25～4/26	降水区域有四川中、西部地区，降雨日数为1～2天	四川康定 10.1mm（2天）
41	D16041	九龙低涡西南行转东南行转东北行	4/27～5/1	降水区域有四川大部、重庆西部、贵州北部和云南北部地区，降水日数为1～5天	四川康定 37.8mm（4天）
42	D16042	九龙低涡源地生消	5/5	降水区域有四川南部地区，降水日数为1天	四川木里 8.3mm（1天）
43	D16043	盆地低涡东南行转西北行转东北行	5/6～5/9	降水区域有四川东半部、甘肃南部、陕西南部、山西南部、河北南部、山东、江苏北部、安徽北部、河南、湖北北、西部、湖南西部、重庆、贵州北半部和云南东北部地区，降水日数为1～3天。其中四川、陕西、重庆、湖北、湖南和贵州有成片降水量大于50mm的区域，两个降水中心：四川宣汉为111.7mm，四川武胜为100.5mm	四川宣汉 111.7mm（2天）
44	D16044	九龙低涡源地生消	5/7	降水区域有四川中南部地区，降水日数为1天	四川沐川 17.0mm（1天）
45	D16045	盆地低涡渐东行转西北行转东北行	5/19～5/22	降水区域有四川东半部、甘肃南部、陕西南部、河南东、南部、山东南部、江苏、上海、浙江北部、安徽、江西北部、湖北、湖南中、北、重庆和贵州北部地区，降水日数为1～3天。其中江苏有成片降水量大于50mm的区域，中心降水量达84.1mm。另外重庆、湖北也有成片降水量大于50mm的区域，中心降水量达65.7mm	江苏张家港 84.1mm（2天）
46	D16046	九龙低涡源地生消	5/22～5/23	降水区域有四川西南部和云南中、北部地区，降水日数为1～2天	四川会东 57.1mm（2天）
47	D16047	盆地低涡东南行转东北行	5/24～5/26	降水区域有四川中、东部、甘肃南部、陕西南部、湖北西部、重庆大部和云南东北部地区，降水日数为1～2天	四川洪雅 33.9mm（2天）

2016年西南低涡对我国降水影响简表（续-5）

序号	编号	简述活动的情况	西南低涡对我国降水的影响		
			时间（月/日）	概况	极值
48	D16048	盆地低涡渐东北行	6/1~6/3	降水区域有四川东部、甘肃南部、陕西大部、山西中、南部、河南、安徽西部个别地区、湖北西部、湖南西北部、重庆和贵州北部地区，降水日数为1~3天。其中重庆、湖北有成片降水量大于50mm的区域，两个降水中心：湖北建始为163.9mm，重庆武隆为138.3mm	湖北建始163.9mm（2天）
49	D16049	九龙低涡源地生消	6/2~6/3	降水区域有四川西南部及云南邻近地区，降水日数为1~2天	云南巧家70.9mm（1天）
50	D16050	九龙低涡源地生消	6/4~6/5	降水区域有四川中、南部和云南中、北部地区，降水日数为1~2天	四川峨边44.4mm（1天）
51	D16051	盆地低涡源地生消	6/7	降水区域有四川中、南部、贵州中、西部和云南东北部地区，降水日数为1天。其中四川、云南有成片降水量大于50mm的区域，中心降水量达124.3mm	四川长宁124.3mm（1天）
52	D16052	九龙低涡源地生消	6/8	降水区域有四川中、西部和云南西北部地区，降水日数为1天	云南香格里拉23.1mm（1天）
53	D16053	九龙低涡东南行	6/9~6/11	降水区域有四川西、南部和云南北部地区，降水日数为1~3天。其中四川、云南有成片降水量大于25mm的区域，两个降水中心：四川会东为65.5mm，云南永胜为56.6mm	四川会东65.5mm（1天）
54	D16054	盆地低涡东南行	6/19~6/20	降水区域有四川南、东部、重庆、湖北大部、湖南北部、贵州中、北部和云南东北部地区，降水日数为1~3天。其中重庆、湖北、湖南、贵州有成片降水量大于50mm的区域，两个降水中心：湖北鹤峰为282.8mm，重庆巴南为165.4mm。另外四川、云南、贵州也有成片降水量大于50mm的区域，中心降水量达124.5mm	湖北鹤峰282.8mm（2天）

2016年西南低涡对我国降水影响简表（续-6）

序号	编号	简述活动的情况	西南低涡对我国降水的影响		
			时间（月/日）	概况	极值
55	D16055	九龙低涡渐南行转东北行	6/21~6/23	降水区域有四川大部、甘肃南部、宁夏南部、陕西西部、贵州西北部和云南北部地区，降水日数为1~3天。其中云南、四川有成片降水量大于25mm的区域，两个降水中心：云南华坪为87.3mm，四川米易为73.5mm。另外甘肃、陕西、宁夏有成片降水量大于25mm的区域，两个降水中心：甘肃静宁为80.1mm，甘肃漳县为75.6mm	云南华坪87.3mm（2天）
56	D16056	九龙低涡源地生消	6/28~6/29	降水区域有四川西南部和云南北部地区，降水日数为1~2天	四川攀枝花39.2mm（2天）
57	D16057	盆地低涡东北行	6/30~7/1	降水区域有四川东部、甘肃南部、陕西南部、河南西南部、安徽西南部、江西西北部、湖北、湖南北部、重庆大部、贵州北部和云南东北部个别地区，降水日数为1~2天。其中四川、重庆、湖北、湖南和安徽有成片降水量大于50mm的区域，两个降水中心：重庆云阳为138.4mm，湖北麻城为333.6mm。另外重庆荣昌为118.5mm，四川邻水为137.1mm，浙江武义为102.6mm，湖南慈利为160.8mm	湖北麻城333.6mm（1天）
58	D16058	九龙低涡西南行	7/5~7/6	降水区域有四川大部、重庆西南部、贵州西北部和云南北部地区，降水日数为1~2天。其中云南、四川有成片降水量大于25mm的区域，三个降水中心：四川攀枝花为149.7mm，四川洪雅为253.2mm，云南绥江为123.3mm	四川洪雅253.2mm（2天）
59	D16059	九龙低涡东北行转东南行	7/13~7/14	降水区域有西藏东部、四川大部、重庆西部、贵州西北部和云南北部地区，降水日数为1~2天。其中四川、重庆和云南有成片降水量大于25mm的区域，中心降水量达155.7mm。另外四川马边为104.7mm，重庆北碚为103.8mm	四川泸县155.7mm（1天）
60	D16060	九龙低涡源地生消	7/21~7/22	降水区域有四川中、西、南部和云南西北部地区，降水日数为1~2天。其中四川有成片降水量大于50mm的区域，中心降水量达154.8mm。另外四川新津为101.6mm	四川江油154.8mm（1天）

2016年西南低涡对我国降水影响简表（续-7）

序号	编号	简述活动的情况	西南低涡对我国降水的影响		
			时间（月/日）	概况	极值
61	D16061	盆地低涡源地附近活动	8/9～8/10	降水区域有四川东部和重庆中、西部地区，降水日数为1～2天	四川广安 43.8mm（2天）
62	D16062	九龙低涡源地生消	8/18	降水区域有四川中、南部地区，降水日数为1天	四川沐川 15.5mm（1天）
63	D16063	九龙低涡西北行	8/30～8/31	降水区域有四川西南部和云南北部地区，降水日数为1～2天。其中四川、云南有成片降水量为50mm的区域，中心降水量达119.0mm	云南巧家 119.0mm（2天）
64	D16064	盆地低涡源地生消	8/30	降水区域有四川东部、陕西南部、湖北西部、重庆和贵州北部地区，降水日数为1天	四川乐山 35.5mm（1天）
65	D16065	小金低涡源地生消	9/2～9/3	降水区域有四川东、北部和甘肃南部地区，降雨日数为1～2天	甘肃岷县 四川若尔盖 10.7mm（2天）
66	D16066	九龙低涡西行转东北行	9/4～9/5	降水区域有四川中、西、南部、贵州西北部和云南北部地区，降水日数为1～2天。其中四川、云南有成片降水量大于25mm的区域，中心降水量达60.6mm。另外四川宁南为66.5mm	四川宁南 66.5mm（2天）
67	D16067	盆地低涡渐东行	9/9～9/10	降水区域有四川东部、陕西南部、湖北东、南部、河南东南部个别地区、安徽东、南部、江苏南部、上海、浙江中、北部、江西北部、湖南大部、重庆、贵州北部和云南东北部地区，降水日数为1～2天。其中四川、重庆、贵州、湖北和湖南有成片降水量大于50mm的区域，中心降水量达90.0mm。另外湖南桃源为90.0mm，湖南衡阳为72.2mm，四川珙县为62.9mm	湖南桃源 90.0mm（2天）
68	D16068	盆地低涡源地附近活动	9/14～9/15	降水区域有四川东部、陕西南部、湖北西部、重庆、贵州北部和云南东北部地区，降水日数为1～2天	四川射洪 55.5mm（2天）

2016年西南低涡对我国降水影响简表（续-8）

序号	编号	简述活动的情况	西南低涡对我国降水的影响		
			时间（月/日）	概况	极值
69	D16069	九龙低涡东南行	9/18~9/19	降水区域有四川中、西、南部、重庆西部、贵州西部和云南中、北部地区，降水日数为1~2天。其中四川有成片降水量大于25mm的区域，中心降水量达101.1mm。另外昆明为111.1mm	云南昆明111.1mm（1天）
70	D16070	盆地低涡源地生消	9/19	降水区域有四川东部、陕西南部、湖北西南部、重庆、贵州北部和云南东北部地区，降水日数为1天。其中四川有成片降水量大于25mm的区域，中心降水量达94.9mm，另外四川屏山为71.0mm，四川珙县为91.5mm	四川合江94.9mm（1天）
71	D16071	九龙低涡东南行	9/22~9/23	降水区域有四川中、西、南、东部、重庆中、西部、贵州北部、云南北部地区，降水日数为1~2天	四川井研48.1mm（2天）
72	D16072	盆地低涡源地附近活动	9/26~9/28	降水区域有四川东部、甘肃南部、陕西南部、河南西南部、湖北西部、湖南西北部、重庆和贵州北部地区，降水日数为1~3天。其中湖北有成片降水量大于50mm的区域，中心降水量达140.6mm。另外陕西、湖北也有成片降水量大于50mm的区域，中心降水量达135.5mm	湖北建始140.6mm（3天）
73	D16073	九龙低涡源地生消	9/28~9/29	降水区域有四川西南部和云南西、北部地区，降水日数为1~2天	云南大理78.5mm（2天）
74	D16074	九龙低涡源地附近活动	9/29~10/1	降水区域有四川西南部、云南中、北部和贵州西部地区，降水日1-2天	云南牟定191.2mm（2天）
75	D16075	九龙低涡源地生消	10/8	降水区域有四川南部、贵州西部和云南中、北部地区，降水日数为1天	云南曲靖69.7mm（1天）
76	D16076	盆地低涡北行转东北	10/9~10/12	降水区域有四川东部、甘肃南部、陕西南部、湖北西北部和重庆中、西部地区，降水日数为1~4天	重庆沙坪坝37.8mm（4天）
77	D16077	九龙低涡源地生消	10/11	降水区域有四川中、南部和云南北部地区，降水日数为1天	云南贡山5.7mm（1天）

2016年西南低涡对我国降水影响简表（续-9）

序号	编号	简述活动的情况	西南低涡对我国降水的影响		
			时间（月/日）	概况	极值
78	D16078	九龙低涡源地附近活动	10/22~10/23	降水区域有四川中部地区，降水日数为1~2天	四川名山 8.6mm（2天）
79	D16079	盆地低涡源地附近活动	10/28~10/29	降水区域有四川东部、甘肃南部、陕西南部、湖北西部和重庆大部地区，降水日数为1~2天	重庆忠县 61.1mm（2天）
80	D16080	九龙低涡源地生消	10/30~10/31	降水区域有四川中、南部和云南北部地区，降水日数1天	云南六库 5.4mm（1天）
81	D16081	盆地低涡东南行	11/6~11/7	降水区域有四川东部、陕西南部、湖北西部、湖南北部、重庆、贵州北部和云南东北部地区，降水日数为1~2天。其中四川东部、重庆和湖北西部有成片降水量大于25mm的区域，中心降水量为51.5mm	重庆忠县 51.5mm（1天）
82	D16082	盆地低涡北行	11/12~11/13	降水区域有四川中、南部、贵州北部和云南东北部地区，降水日数为1天	贵州赤水 3.6mm（1天）
83	D16083	盆地低涡东南行	11/13~11/15	降水区域有四川东部、陕西南部、湖北西部、湖南西北部、重庆中、南部、贵州北部和云南东北部地区，降水日数为1~3天。	湖北利川 5.4mm（1天）
84	D16084	盆地低涡源地附近活动	11/16~11/17	降水区域有四川东部、甘肃南部、陕西南部和重庆大部地区，降水日数为1~2天	四川大竹 3.7mm（2天）
85	D16085	九龙低涡源地生消	12/3~12/4	降水区域有西藏东部和四川中、南部地区，降水日数为1~2天	四川西昌 7.1mm（1天）
86	D16086	盆地低涡源地生消	12/12	降水区域有四川中、东部、重庆中、西部、贵州北部和云南东北部地区，降水日数为1天	四川天全 3.7mm（1天）
87	D16087	盆地低涡源地生消	12/15	降水区域有四川东部、重庆西、东部和贵州北部地区，降水日数为1天	四川东兴 15.8mm（1天）

2016年西南低涡对我国降水影响简表（续-10）

序号	编号	简述活动的情况	西南低涡对我国降水的影响		
			时间（月/日）	概况	极值
88	D16088	盆地低涡东北行	12/25~12/26	降水区域有四川中、东部、陕西南部、湖北西部、重庆大部、贵州北部和云南东北部地区，降水日数为1~2天	四川蒲江 7.3mm（1天）
89	D16089	小金低涡东南行	12/30~12/31	降水区域有四川东南部和云南东北部地区，降水日数为1~2天	四川沐川 2.9mm（2天）

2016年西南低涡编号、名称、日期对照表

未移出源地的九龙低涡		移出源地的九龙低涡	
⑦ D16007木里，Muli	㊲ D16037木里，Muli	① D16001雅江，Yajiang	(71) D16071雅江，Yajiang
2/4	4/22～4/23	1/6～1/7	9/22～9/23
⑧ D16008乡城，Xiangcheng	㊳ D16038九龙，Jiulong	⑲ D16019九龙，Jiulong	
2/5	4/24	3/4～3/5	
⑫ D16012九龙，Jiulong	㊵ D16040木里，Muli	㉑ D16021九龙，Jiulong	
2/17～2/18	4/25～4/26	3/8～3/9	
⑬ D16013盐源，Yanyuan	㊷ D16042木里，Muli	㉙ D16029康定，Kangding	
2/19	5/5	4/7～4/10	
⑮ D16015康定，Kangding	㊹ D16044木里，Muli	㉛ D16031康定，Kangding	
2/21	5/7	4/13～4/14	
⑰ D16017木里，Muli	㊻ D16046宁蒗，Ninglang	㉞ D16034九龙，Jiulong	
2/25	5/22	4/19～4/20	
㉘ D16028雅江，Yajiang	㊾ D16049九龙，Jiulong	㊱ D16036木里，Muli	
4/5	6/2	4/21～4/23	
㉚ D16030九龙，Jiulong	㊿ D16050雅江，Yajiang	㊶ D16041九龙，Jiulong	
4/9	6/4	4/27～4/30	
㉜ D16032九龙，Jiulong	(52) D16052雅江，Yajiang	(55) D16055康定，Kangding	
4/17	6/8	6/21～6/22	

2016年西南低涡编号、名称、日期对照表（续-1）

未移出源地的九龙低涡		未移出源地的小金低涡	移出源地的小金低涡
(53) D16053木里，Muli	(73) D16073香格里拉，Xianggelila	⑨ D16009茂县，Maoxian	⑪ D16011茂县，Maoxian
6/9～6/11	9/28	2/8	2/15～2/17
(56) D16056木里，Muli	(74) D16074香格里拉，Xianggelila	⑭ D16014九寨沟，Jiuzhaigou	⑳ D16020茂县，Maoxian
6/28	9/29～10/1	2/20～2/21	3/6～3/8
(58) D16058雅江，Yajiang	(75) D16075香格里拉，Xianggelila	(65) D16065松潘，Songpan	㉗ D16027松潘，Songpan
7/5～7/6	10/8	9/2	4/2～4/3
(59) D16059雅江，Yajiang	(77) D16077乡城，Xiangcheng		(89) D16089黑水，Heishui
7/13～7/14	10/11		12/30～12/31
(60) D16060雅江，Yajiang	(78) D16078康定，Kangding		
7/21	10/22		
(62) D16062康定，Kangding	(80) D16080九龙，Jiulong		
8/18	10/30		
(63) D16063盐源，Yanyuan	(85) D16085木里，Muli		
8/30	12/3		
(66) D16066盐源，Yanyuan			
9/4～9/5			
(69) D16069雅江，Yajiang			
9/18～9/19			

2016年西南低涡编号、名称、日期对照表（续-2）

未移出源地的四川盆地低涡			移出源地的四川盆地低涡
② D16002邻水，Linshui	㉟ D16035邻水，Linshui	(76) D16076大足，Dazu	③ D16003南充，Nanchong
1/9～1/10	4/21	10/9～10/12	1/16～1/17
④ D16004广安，Guangan	㊴ D16039遂宁，Suining	(79) D16079西充，Xichong	⑯ D16016桐梓，Tongzi
1/22	4/24	10/28～10/29	2/23
⑤ D16005西充，Xichong	㊼ D16047平武，Pingwu	(81) D16081剑阁，Jiange	㉔ D16024渠县，Quxian
1/28	5/24～5/26	11/6～11/7	3/22～3/24
⑥ D16006南江，Nanjiang	(51) D16051纳雍，Nayong	(82) D16082威远，Weiyuan	㉕ D16025遂宁，Suining
1/30～1/31	6/7	11/12	3/29～3/31
⑩ D16010南充，Nanchong	(54) D16054乐至，Lezhi	(83) D16083梓潼，Zitong	㊸ D16043巴中，Bazhong
2/14	6/19	11/13～11/14	5/6～5/9
⑱ D16018南部，Nanbu	(61) D16061永川，Yongchuan	(84) D16084苍溪，Cangxi	㊺ D16045蓬溪，Pengxi
3/1	8/9～8/10	11/16	5/19～5/22
㉒ D16022万州，Wanzhou	(64) D16064万源，Wanyuan	(86) D16086安岳，Anyue	㊽ D16048蓬安，Pengan
3/12	8/30	12/12	6/1～6/2
㉓ D16023通江，Tongjiang	(68) D16068南部，Nanbu	(87) D16087忠县，Zhongxian	(57) D16057射洪，Shehong
3/17	9/14～9/15	12/15	6/30～7/1
㉖ D16026安岳，Anyue	(70) D16070南部，Nanbu	(88) D16088简阳，Jianyang	(67) D16067苍溪，Cangxi
4/1	9/19	12/25	9/9～9/10
㉝ D16033开县，Kaixian	(72) D16072通江，Tongjiang		
4/19	9/26～9/27		

西南低涡降水及移动路径资料

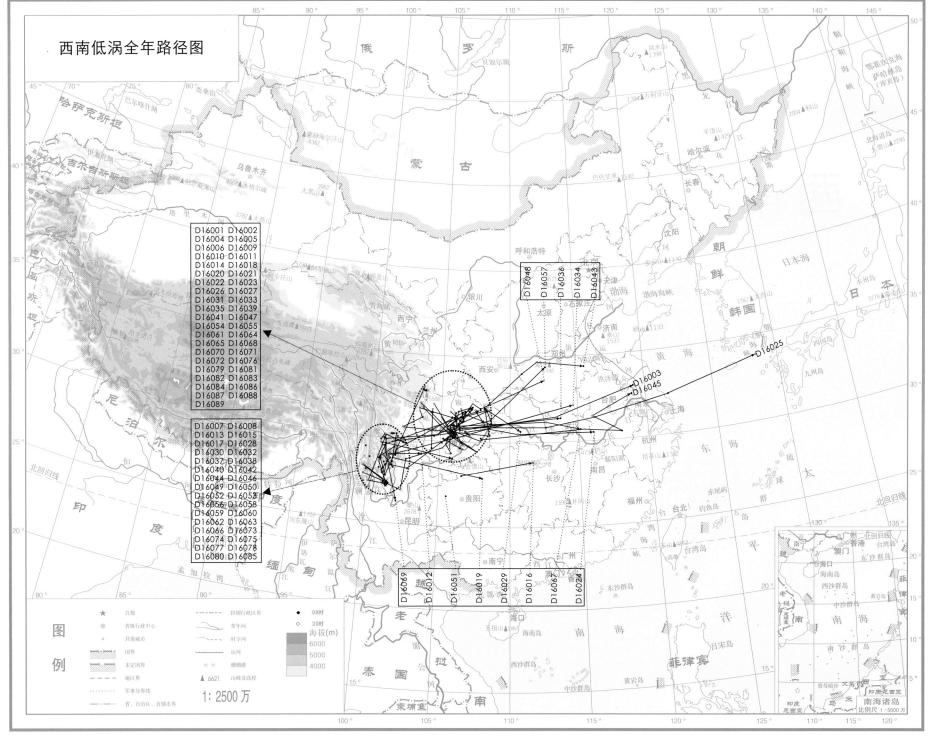

西南低涡全年路径图

D16001 D16002
D16004 D16005
D16006 D16009
D16010 D16011
D16014 D16018
D16020 D16021
D16022 D16023
D16026 D16027
D16031 D16033
D16035 D16039
D16041 D16047
D16054 D16055
D16061 D16064
D16065 D16068
D16070 D16071
D16072 D16076
D16079 D16081
D16082 D16083
D16084 D16086
D16087 D16088
D16089

D16007 D16008
D16013 D16015
D16017 D16028
D16030 D16032
D16037 D16038
D16040 D16042
D16044 D16046
D16049 D16050
D16052 D16053
D16056 D16058
D16059 D16060
D16062 D16063
D16066 D16073
D16074 D16075
D16077 D16078
D16080 D16085

D16048 D16057 D16036 D16034 D16043

D16025
D16003
D16045

D16069 D16012 D16051 D16019 D16029 D16016 D16067 D16024

图
例

★	首都	
◎	省级行政中心	
○	其他城市	
	国界	
	未定国界	
	地区界	
	军事分界线	
	省、自治区、直辖市界	

特别行政区界
常年河
时令河
运河
珊瑚礁
▲6621 山峰及高程

● 08时
○ 20时

海拔(m)
6000
5000
4000

1 : 2500 万

南海诸岛
比例尺 1:5000 万

九龙低涡全年路径图

D16077 D16060 D16066 D16078 D16062 D16059 D16055 D16041

D16007 D16008
D16015 D16017
D16028 D16030
D16032 D16037
D16038 D16040
D16042 D16044
D16049 D16050
D16052 D16056
D16058 D16063
D16080 D16085

D16021 D16001 D16034
D16036
D16029
D16071
D16019

D16073 D16075 D16046 D16053 D16013 D16074 D16069 D16012 D16031

图例

★	首都	------	特别行政区界	● 08时
◎	省级行政中心	------	常年河	○ 20时
○	其他城市	------	时令河	
	国界		运河	海拔(m)
	未定国界	≈≈	珊瑚礁	6000
	地区界	▲6621	山峰及高程	5000
	军事分界线			4000
	省、自治区、直辖市界			

1:2500万

南海诸岛
比例尺 1:5000万

31

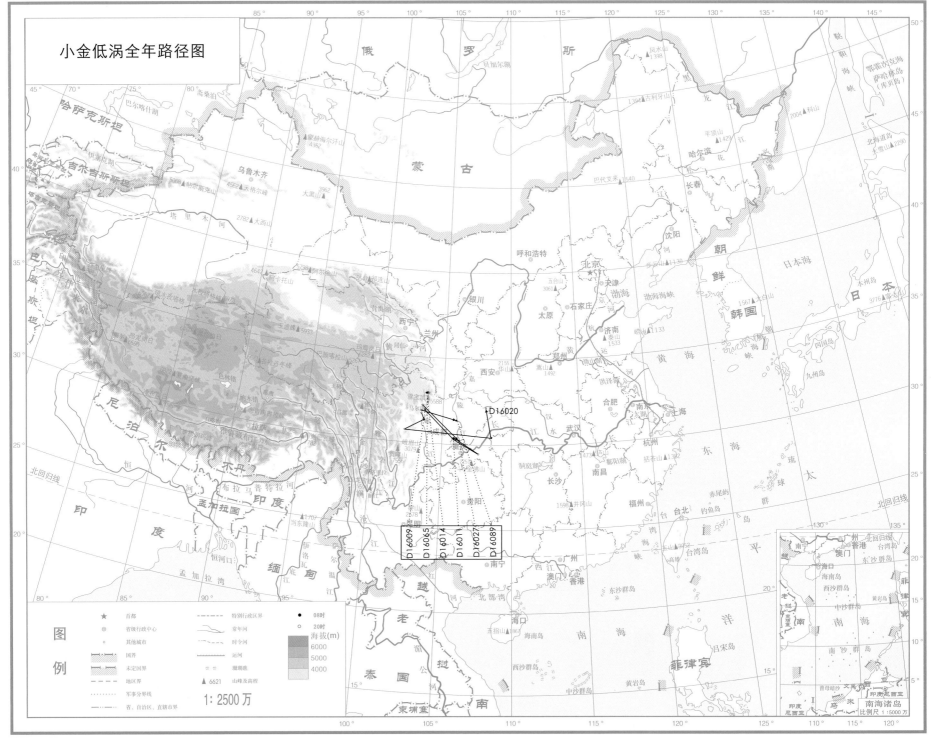

小金低涡全年路径图

1：2500 万

四川盆地低涡全年路径图

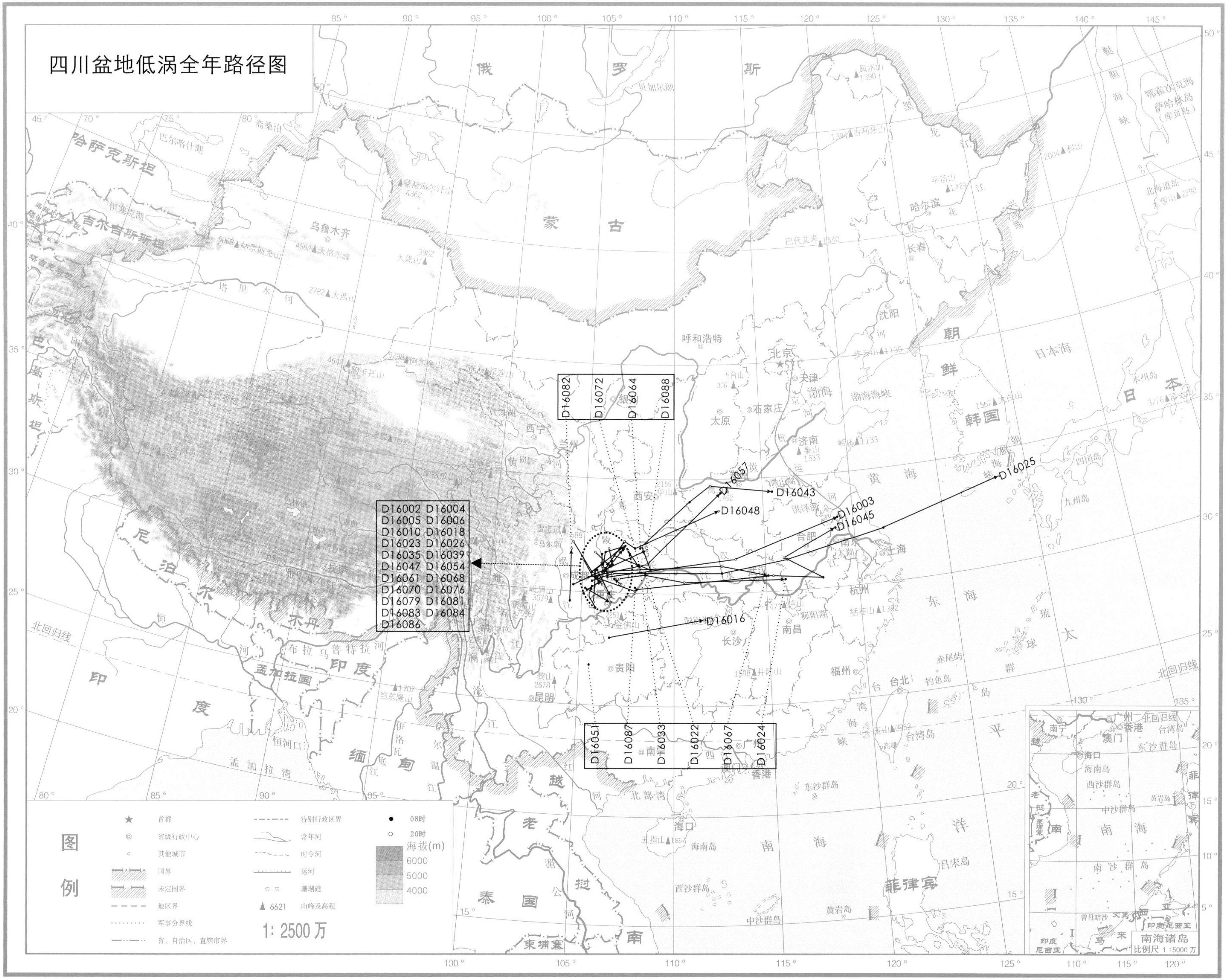

D16082　D16072　D16064　D16088

D16002　D16004
D16005　D16006
D16010　D16018
D16023　D16026
D16035　D16039
D16047　D16054
D16061　D16068
D16070　D16076
D16079　D16081
D16083　D16084
D16086

D16057
D16043
D16048
D16003
D16045
D16025
D16016

D16051　D16087　D16033　D16022　D16067　D16024

图例

★　首都
◎　省级行政中心
○　其他城市
　　国界
　　未定国界
　　地区界
　　军事分界线

　　特别行政区界
　　常年河
　　时令河
　　运河
　　湖泊、海
▲ 6621　山峰及高程

●　08时
○　20时

海拔(m)
6000
5000
4000

1 : 2500 万

南海诸岛
比例尺 1 : 5000 万

33

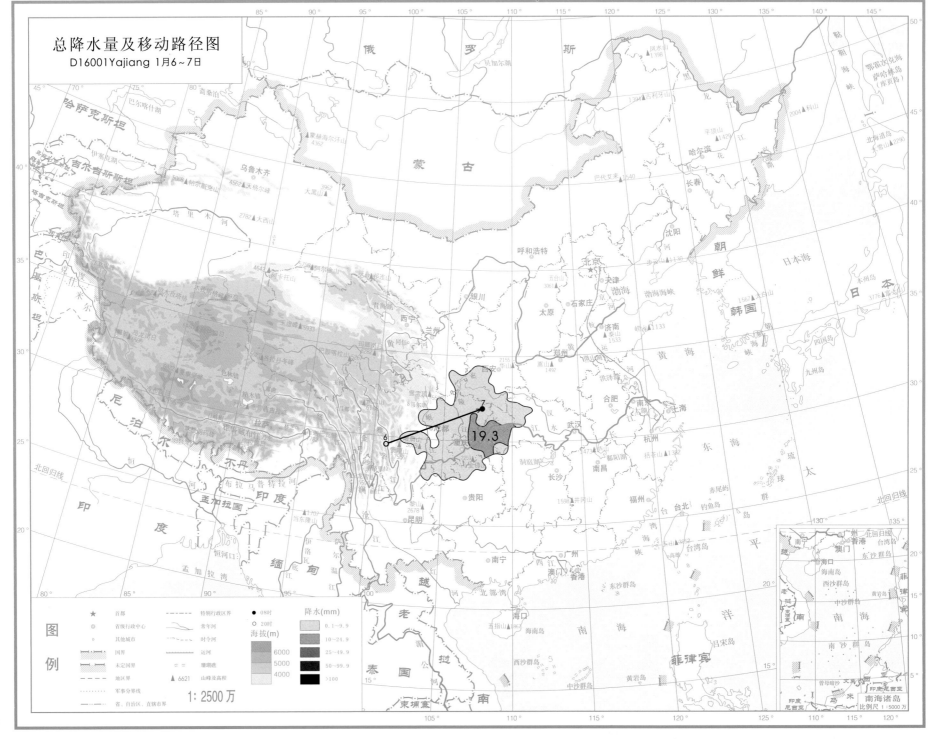

总降水量及移动路径图
D16001Yajiang 1月6~7日

总降水日数图

D16001Yajiang 1月6~7日

俄 罗 斯

蒙 古

哈萨克斯坦

吉尔吉斯斯坦

朝 鲜

韩 国

日 本

尼 泊 尔

不 丹

印 度

缅 甸

孟 加 拉 国

老 挝

越 南

泰 国

柬 埔 寨

菲 律 宾

北回归线

北回归线

乌鲁木齐

呼和浩特

北京

银川

西宁

兰州

太原

石家庄

天津

沈阳

哈尔滨

长春

济南

郑州

合肥

南京

上海

武汉

杭州

南昌

长沙

贵阳

昆明

南宁

广州

福州

台北

海口

拉萨

孟加拉湾

黄 海

东 海

日本海

渤海

太 平 洋

南 海

图例		
★	首都	
◎	省级行政中心	
○	其他城市	

	国界	
	未定国界	
	地区界	
	军事分界线	
	省、自治区、直辖市界	

	特别行政区界	
	常年河	
	时令河	
	运河	
	珊瑚礁	
▲ 6621	山峰及高程	

海拔(m)
6000
5000
4000

降水日数
1天
2~3天
4天以上

1:2500万

南海诸岛
比例尺 1:5000万

85

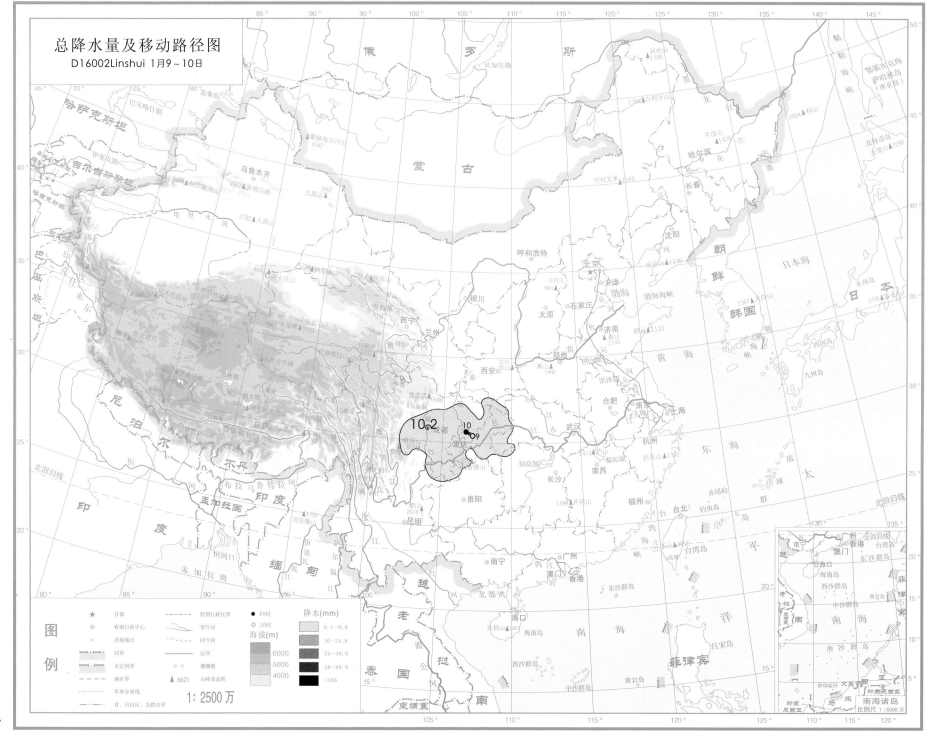

総降水量及移動路径图
D16002Linshui 1月9~10日

总降水日数图

D16002Linshui 1月9~10日

图例

★ 首都
◎ 省级行政中心
○ 其他城市

国界
未定国界
地区界
军事分界线
省、自治区、直辖市界

特别行政区界
常年河
时令河
运河
雕塑堤

▲ 6621 山峰及高程

海拔(m)
6000
5000
4000

降水日数
1天
2~3天
4天以上

1：2500万

南海诸岛
比例尺 1：5000万

87

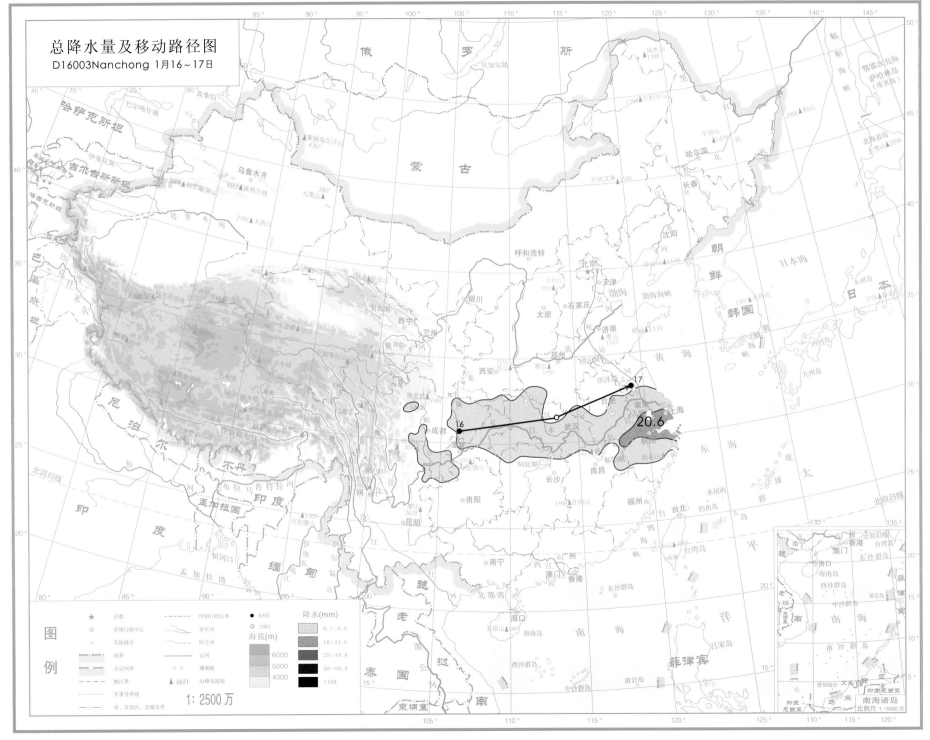

総降水量及移动路径图
D16003Nanchong 1月16~17日

20.6

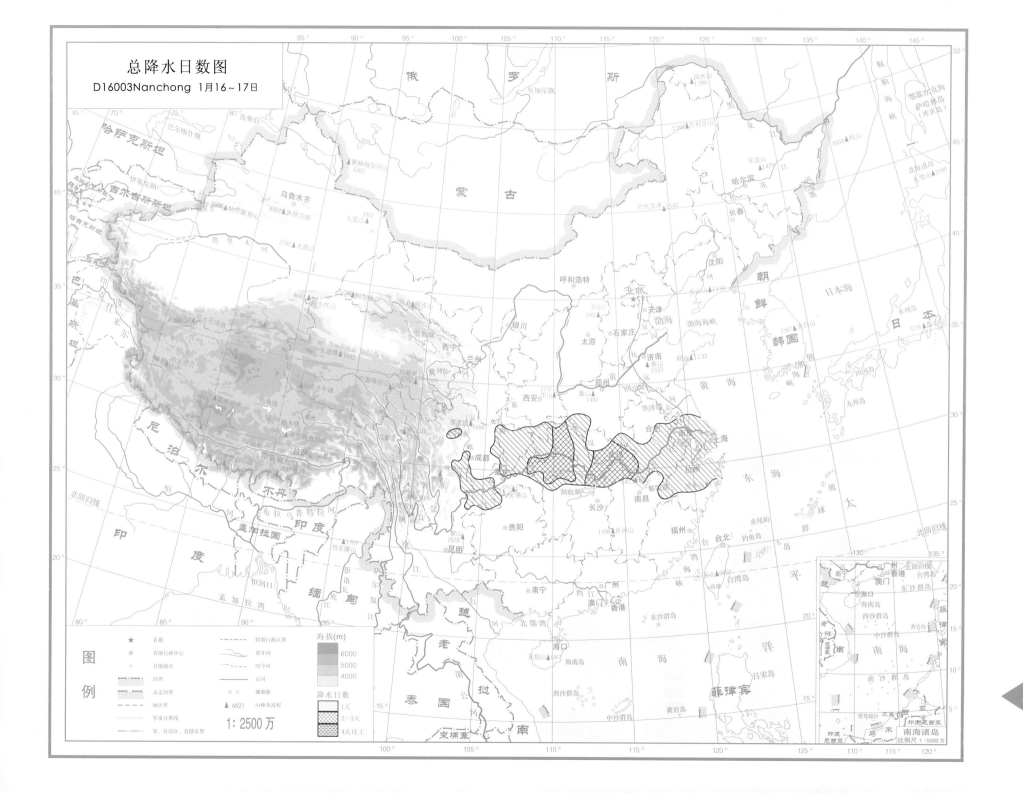

总降水日数图

D16003Nanchong 1月16~17日

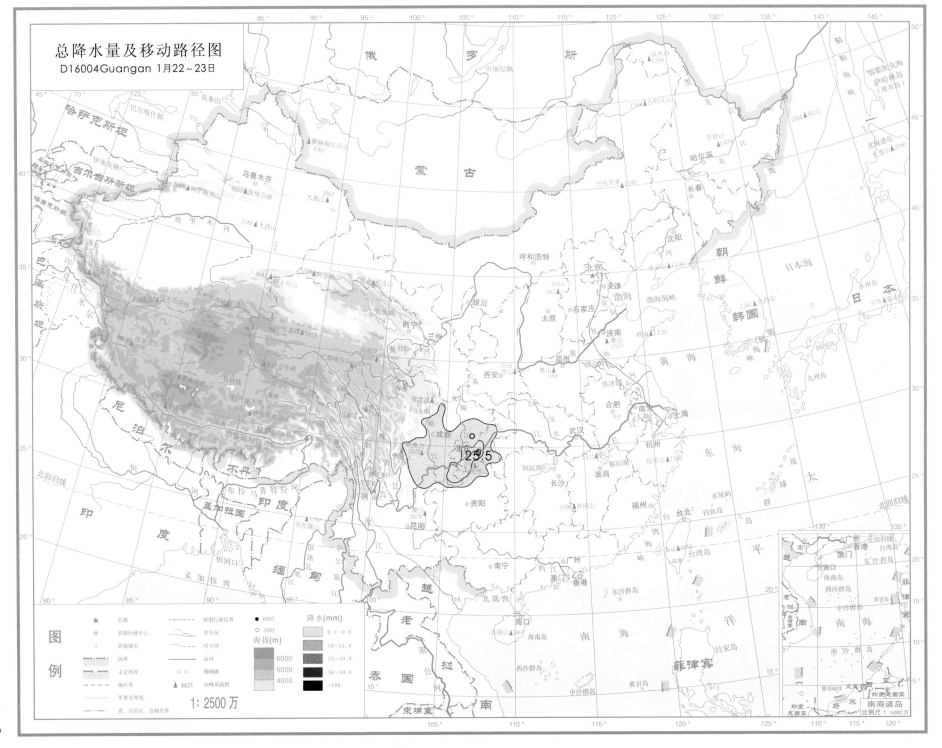

总降水量及移动路径图
D16004Guangan 1月22~23日

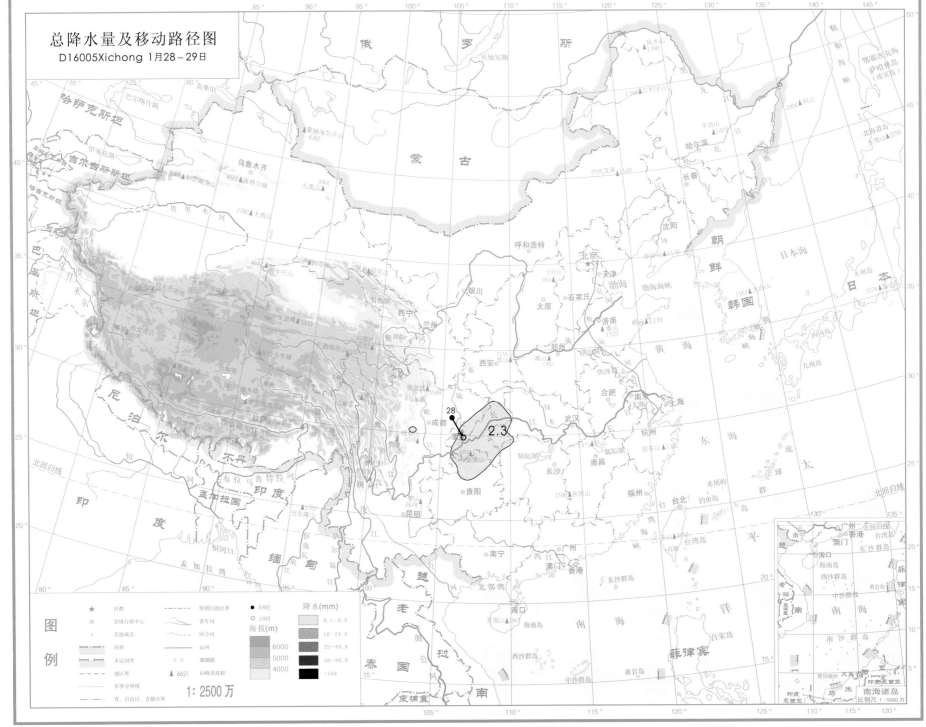

总降水量及移动路径图
D16005Xichong 1月28~29日

图例

图例		
★	首都	
◎	省级行政中心	
○	其他城市	
	国界	
	未定国界	
	地区界	
	军事分界线	
	省、自治区、直辖市界	

特别行政区界
常年河
时令河
运河
珊瑚礁

▲6621 山峰及高程

海拔(m)
6000
5000
4000

降水(mm)
0.1~9.9
10~24.9
25~49.9
50~99.9
>100

● 08时
○ 20时

1:2500万

南海诸岛
比例尺 1:5000万

总降水日数图

D16005Xichong 1月28~29日

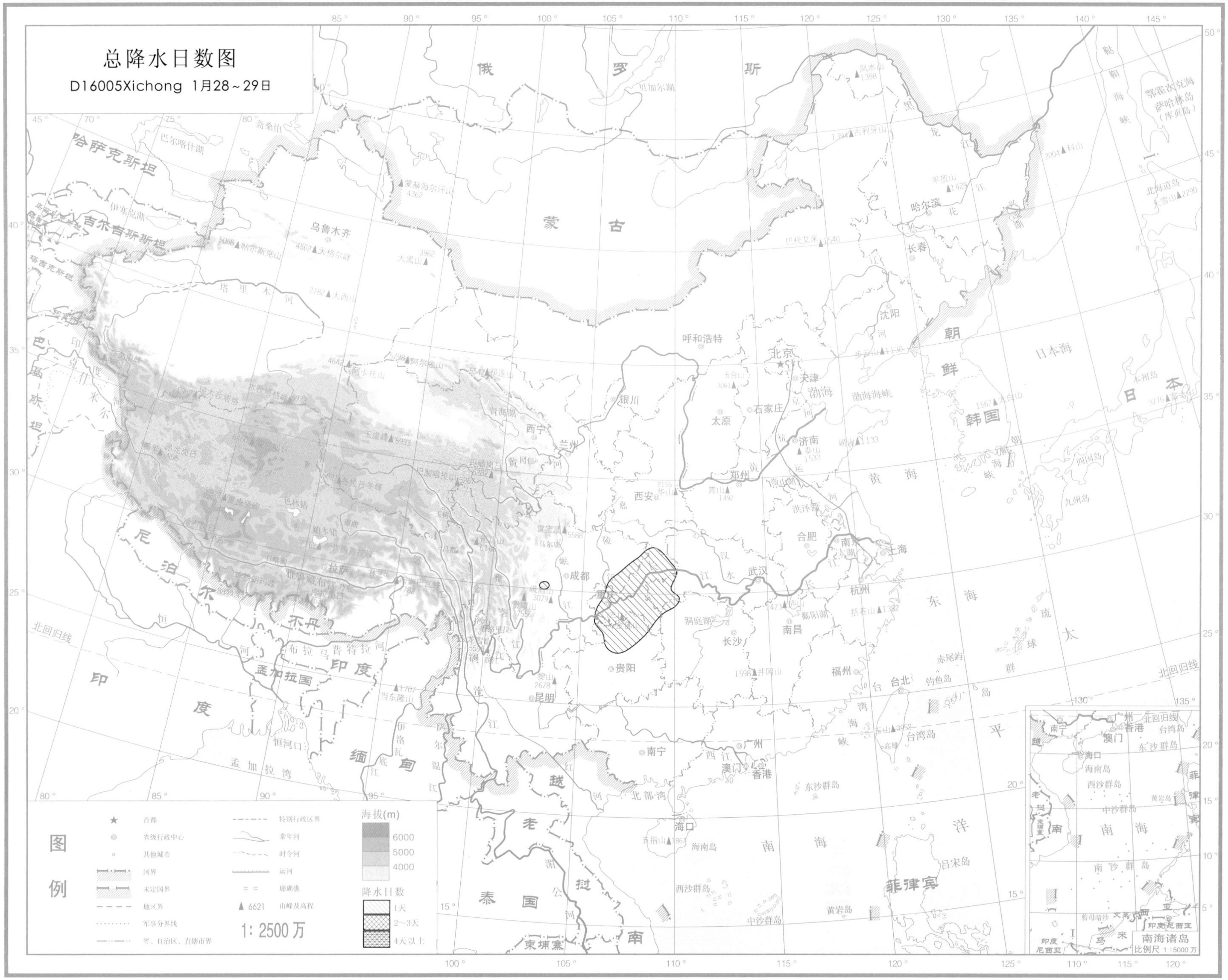

图例

图标	说明
★	首都
◎	省级行政中心
○	其他城市
	国界
	未定国界
	地区界
	军事分界线
	省、自治区、直辖市界
	特别行政区界
	常年河
	时令河
	运河
	珊瑚礁
▲ 6621	山峰及高程

海拔(m)
6000
5000
4000

降水日数
1天
2~3天
4天以上

1 : 2500 万

南海诸岛
比例尺 1：5000万

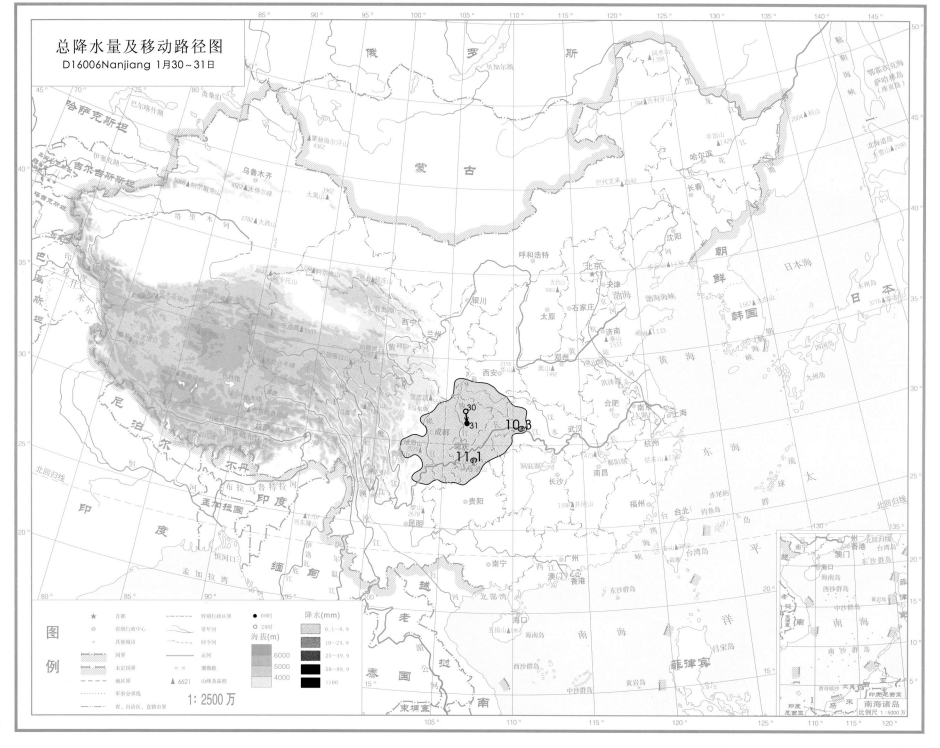

总降水量及移动路径图
D16006Nanjiang 1月30~31日

总降水日数图

D16006Nanjiang 1月30~31日

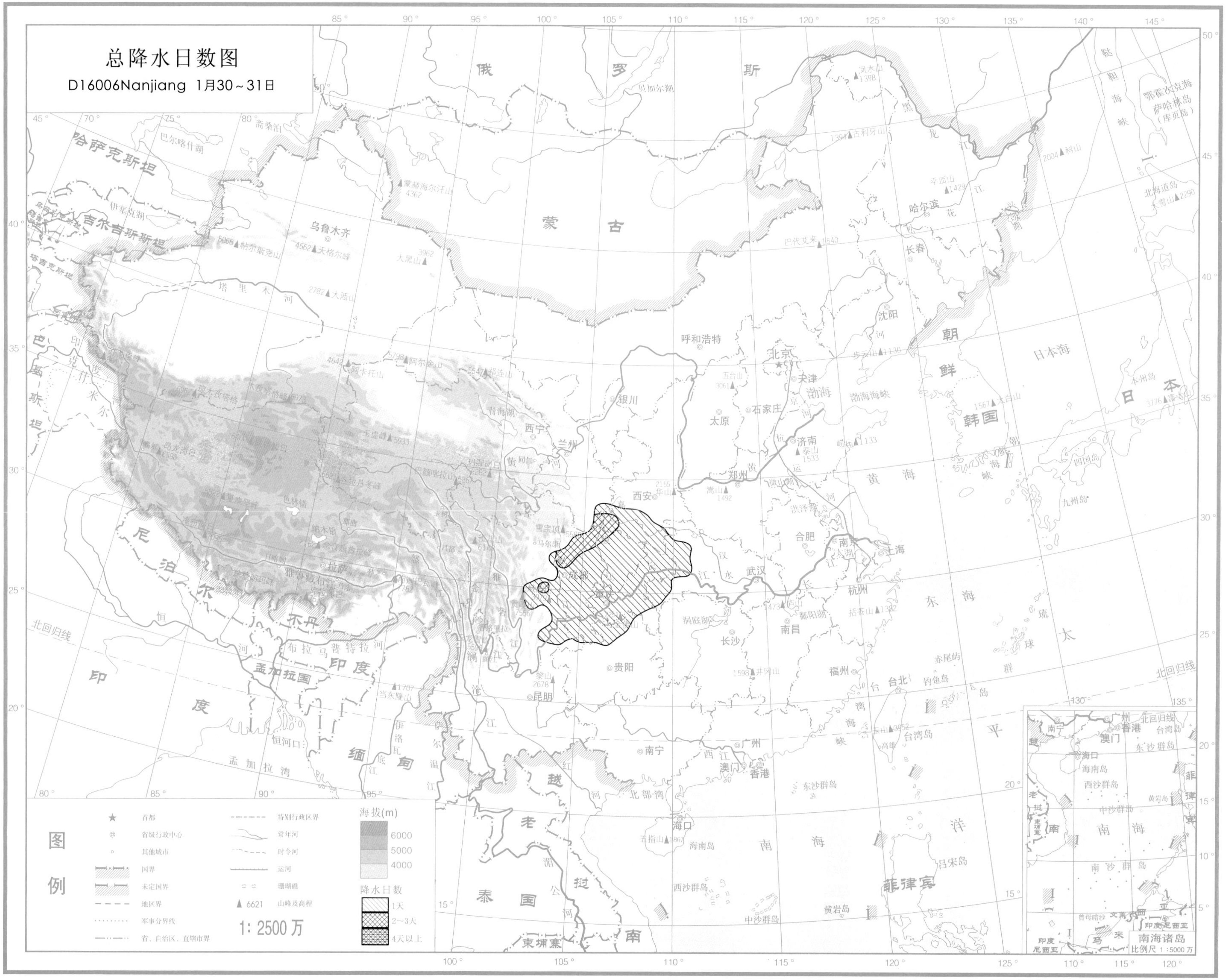

图例

★	首都		特别行政区界
◎	省级行政中心		常年河
○	其他城市		时令河
	国界		运河
	未定国界	= =	珊瑚礁
	地区界	▲ 6621	山峰及高程
	军事分界线		
	省、自治区、直辖市界		

1:2500万

海拔(m)

6000
5000
4000

降水日数

1天
2~3天
4天以上

1:2500万

南海诸岛 比例尺 1:5000万

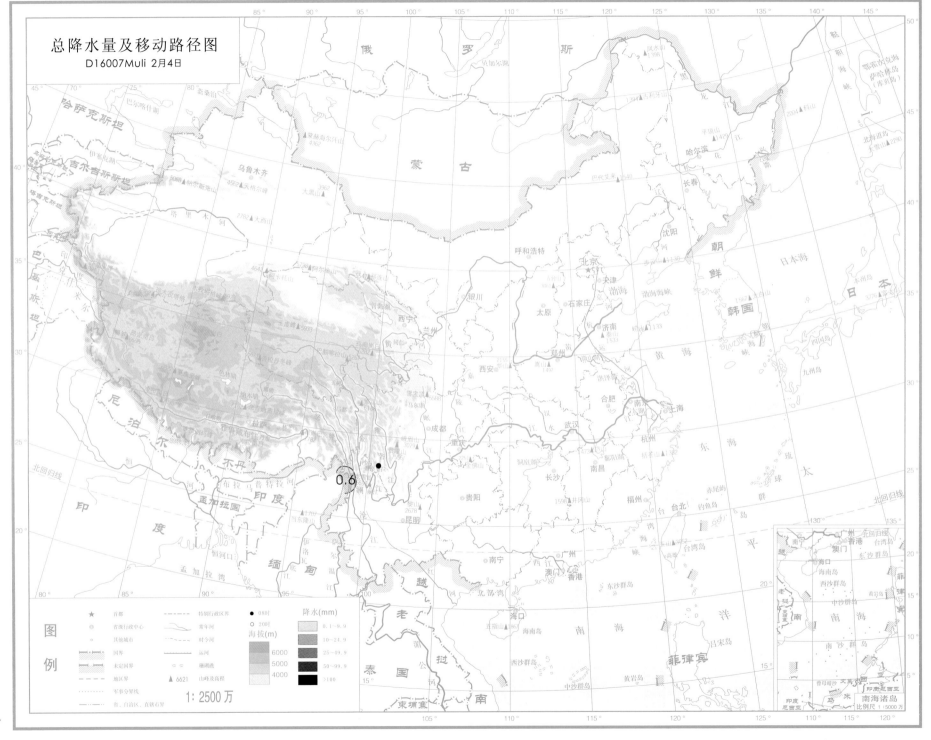

総降水量及移动路径图
D16007Muli 2月4日

图例

1 : 2500万

总降水日数图

D16007Muli 2月4日

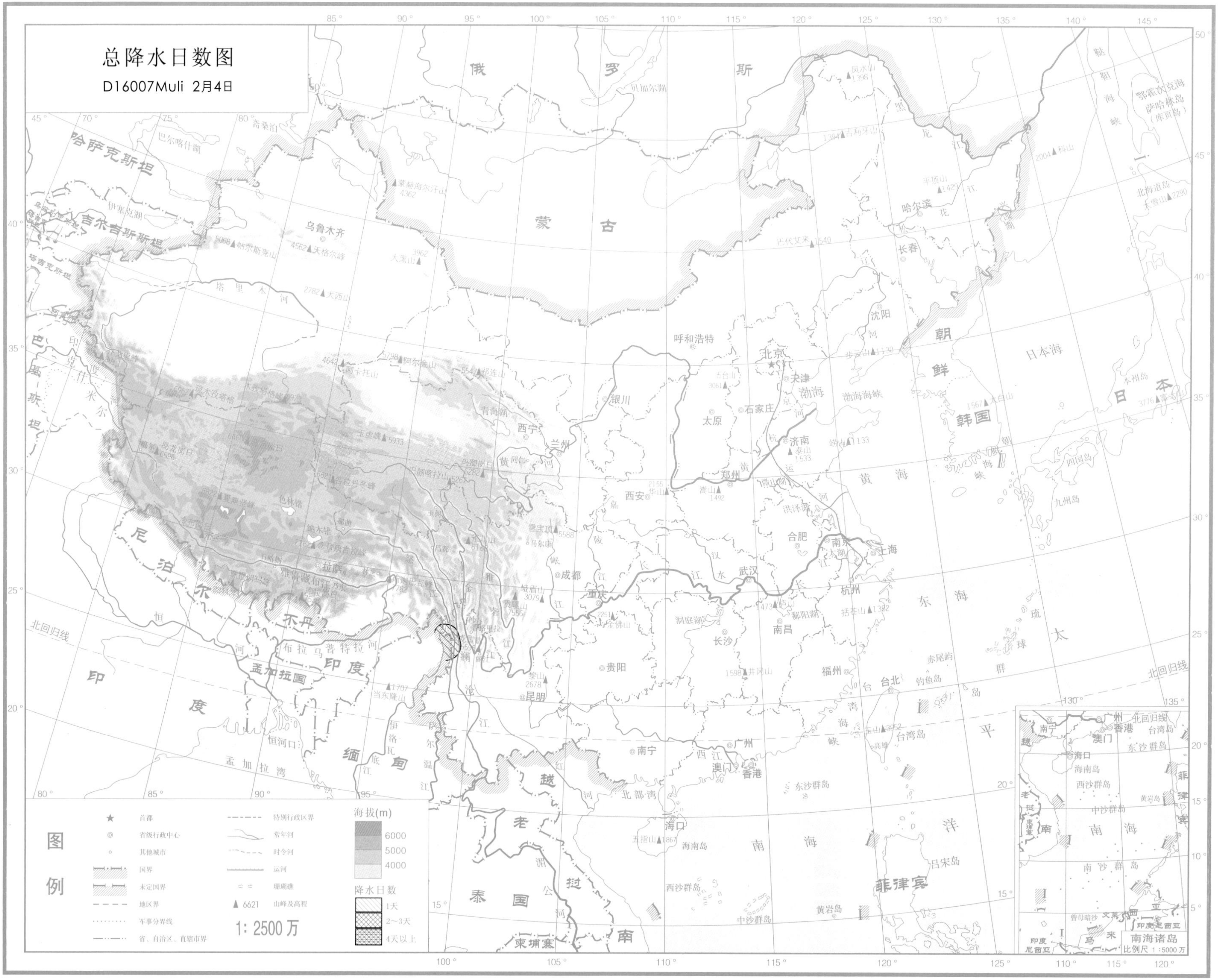

图例

★	首都
◎	省级行政中心
◦	其他城市
	国界
	未定国界
	地区界
	军事分界线
	省、自治区、直辖市界
	特别行政区界
	常年河
	时令河
	运河
	砂碛地
▲ 6621	山峰及高程

海拔(m)
6000
5000
4000

降水日数
1天
2～3天
4天以上

1：2500万

南海诸岛 比例尺 1：5000万

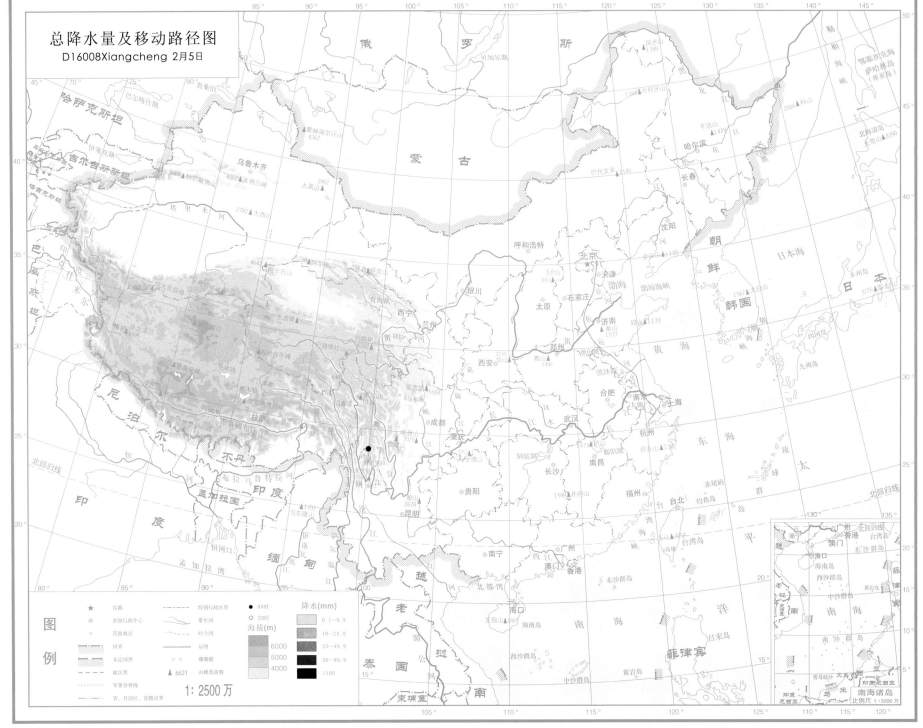

总降水量及移动路径图
D16008Xiangcheng 2月5日

图例

★	首都
◎	省级行政中心
○	其他城市
	国界
	未定国界
	地区界
	军事分界线
	省、自治区、直辖市界
	特别行政区界
	常年河
	时令河
	运河
	珊瑚礁
▲ 6621	山峰及高程

● 08时
○ 20时

海拔(m)
6000
5000
4000

降水(mm)
0.1～9.9
10～24.9
25～49.9
50～99.9
>100

1：2500万

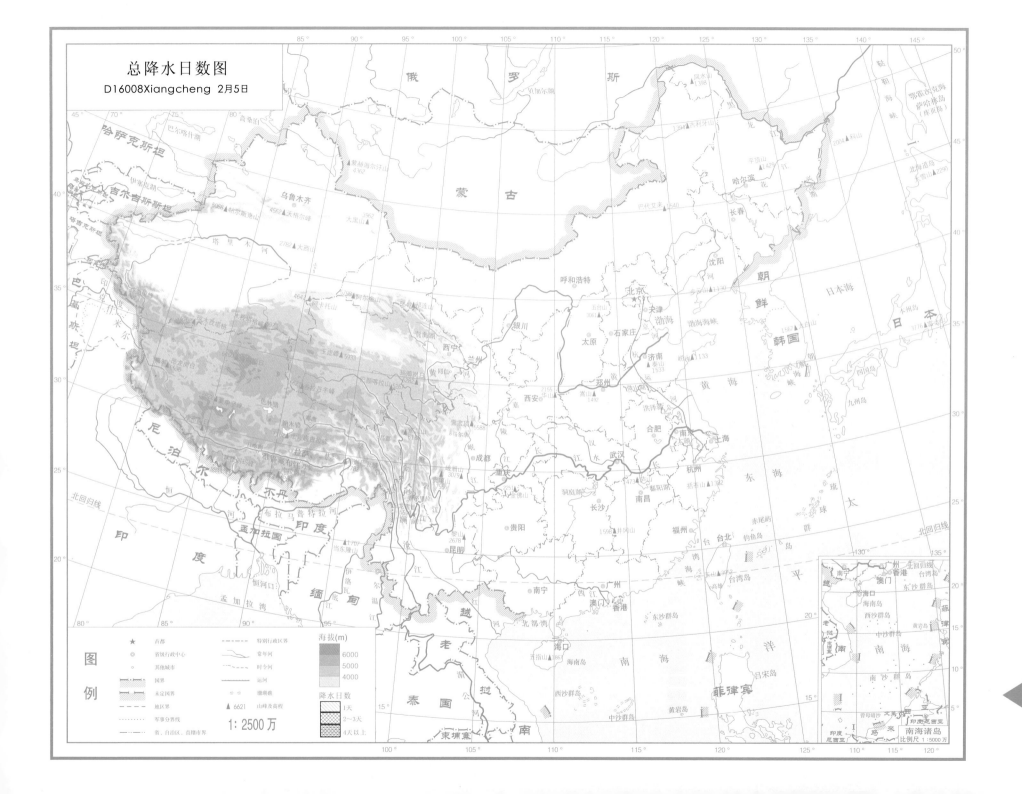

总降水日数图

D16008Xiangcheng 2月5日

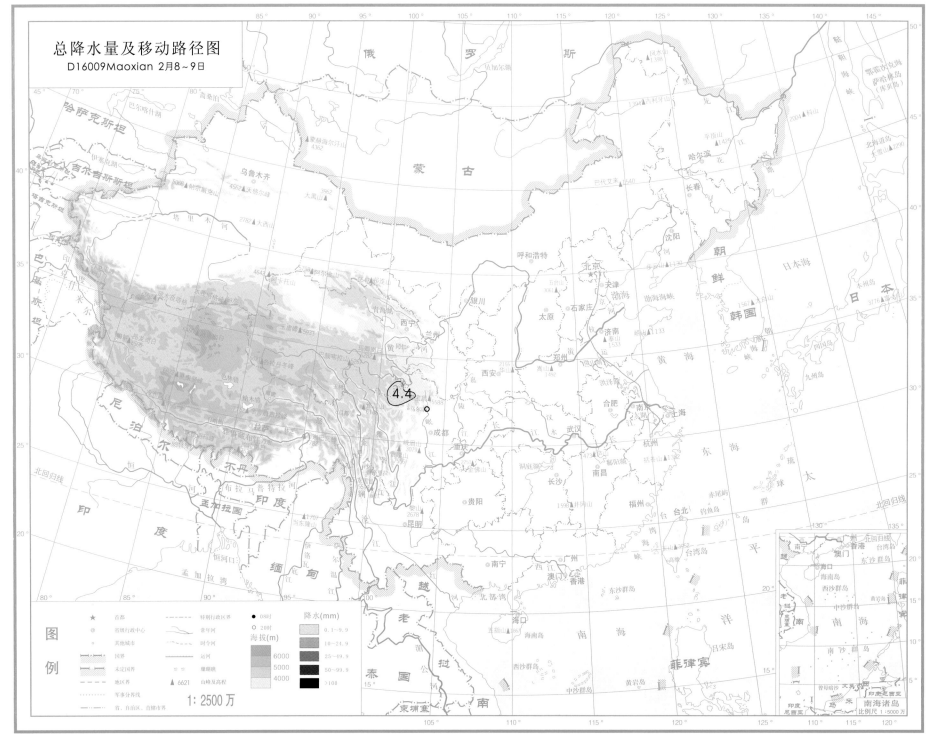

总降水量及移动路径图
D16009Maoxian 2月8~9日

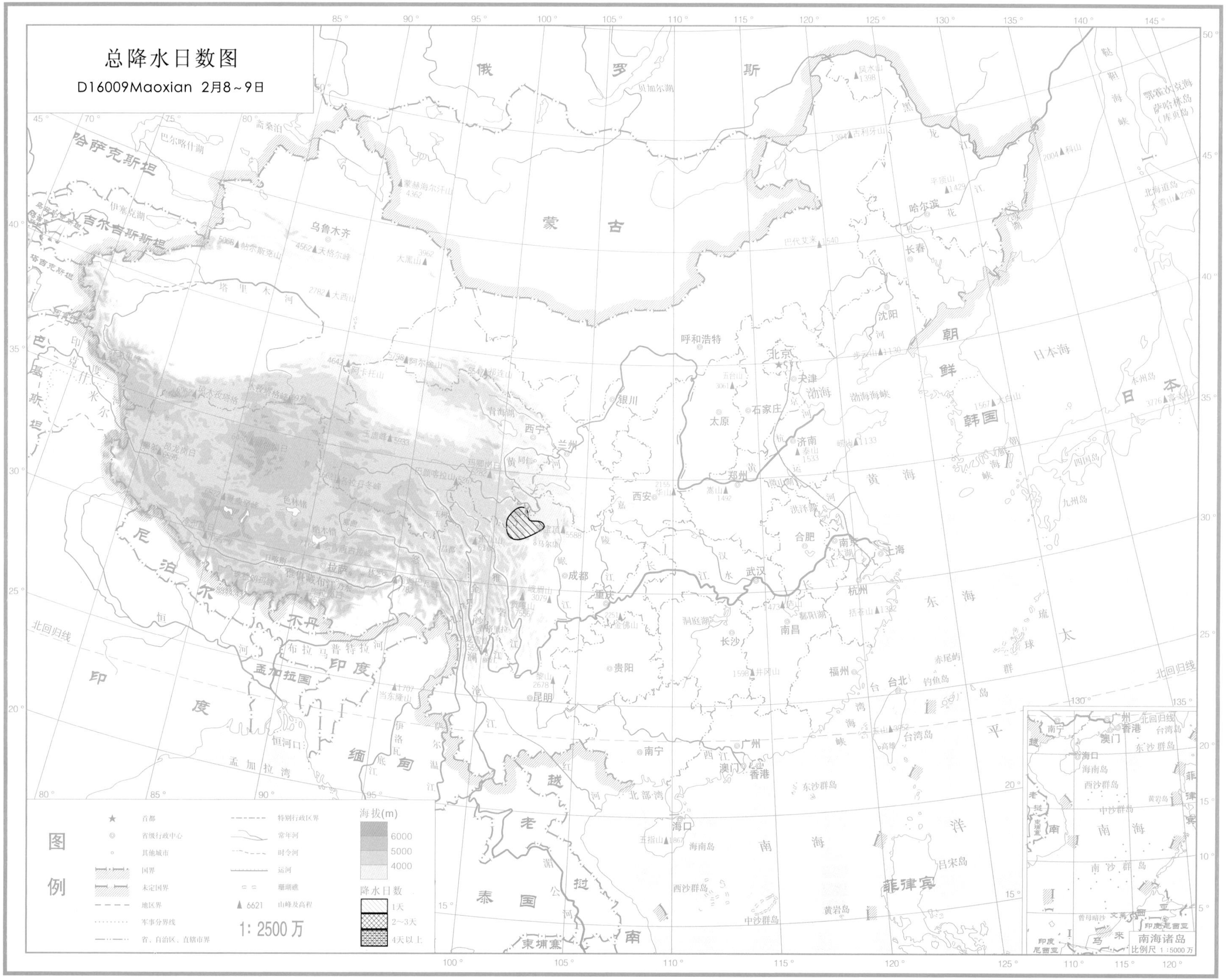

总降水日数图
D16009Maoxian 2月8~9日

海拔(m)
6000
5000
4000

降水日数
1天
2~3天
4天以上

图例

★ 首都
◎ 首级行政中心
○ 其他城市
国界
未定国界
地区界
军事分界线
首、自治区、直辖市界
特别行政区界
常年河
时令河
运河
堤坝湖
▲6621 山峰及高程

1:2500万

南海诸岛
比例尺 1:5000万

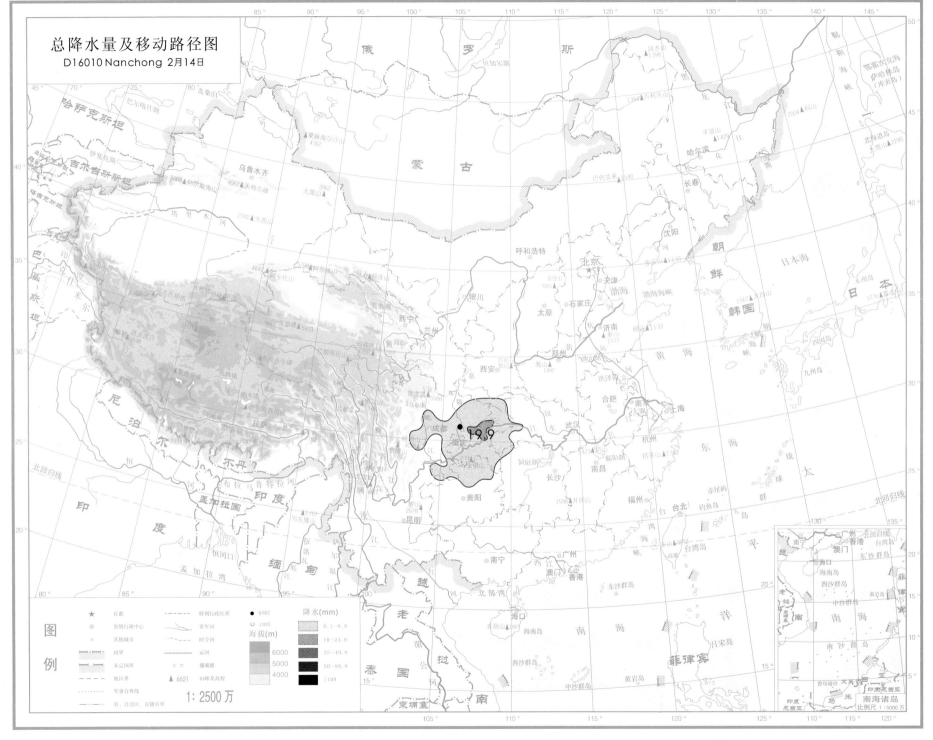

总降水量及移动路径图
D16010 Nanchong 2月14日

图例

★ 首都　　　　特别行政区界
◎ 省级行政中心　　常年河
○ 其他城市　　　　时令河
〓 国界　　　　　　运河
〓 未定国界　　　　〓 〓 湖泊 沼泽
‥‥ 地区界
⋯⋯ 军事分界线　　▲ 6621 山峰及高程
—— 首、自治区、直辖市界

● 08时
○ 20时
海拔(m)

降水(mm)
0.1～9.9
10～24.9
25～49.9
50～99.9
>100

6000
5000
4000

1:2500万

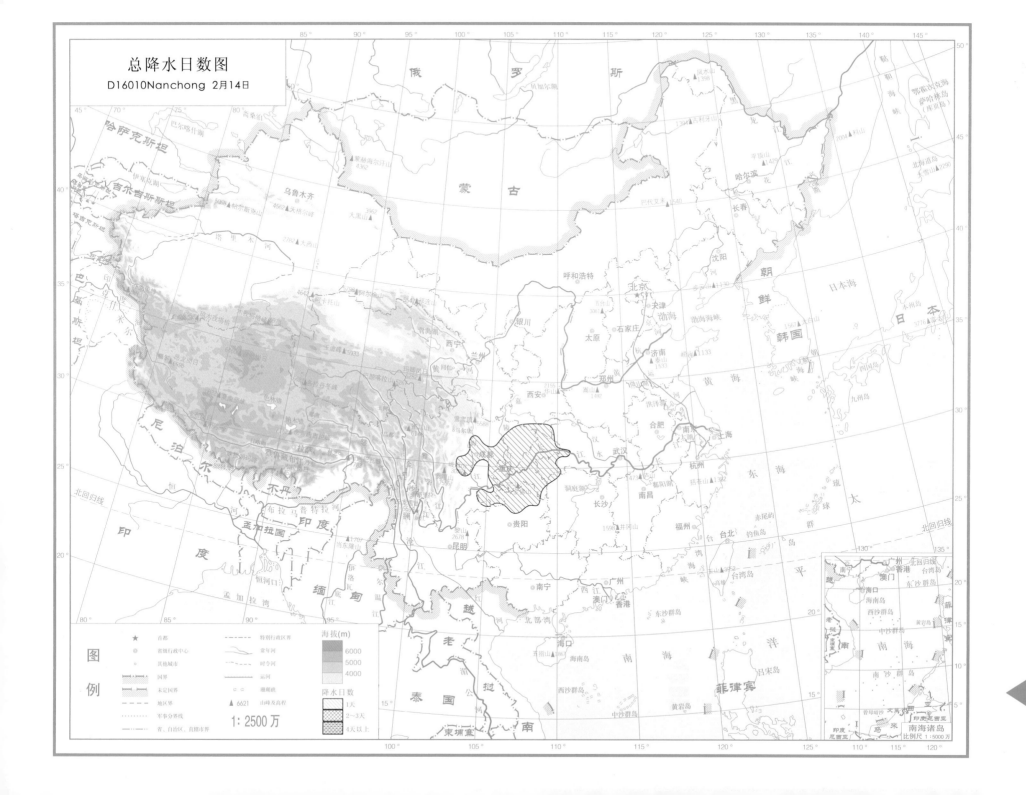

总降水日数图
D16010Nanchong 2月14日

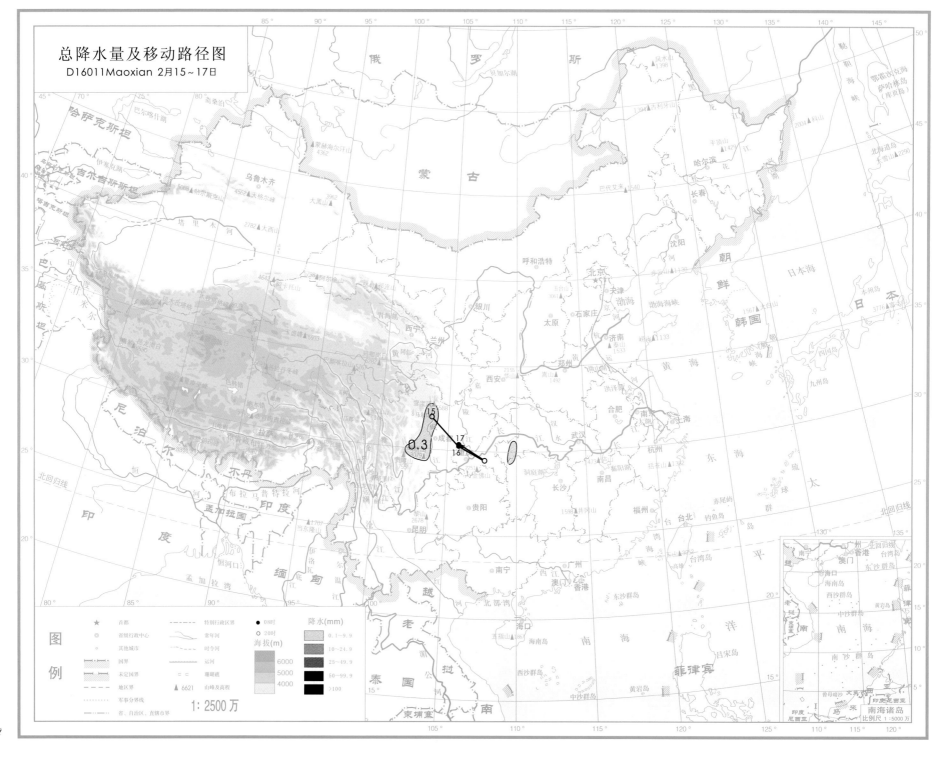

总降水量及移动路径图
D16011Maoxian 2月15~17日

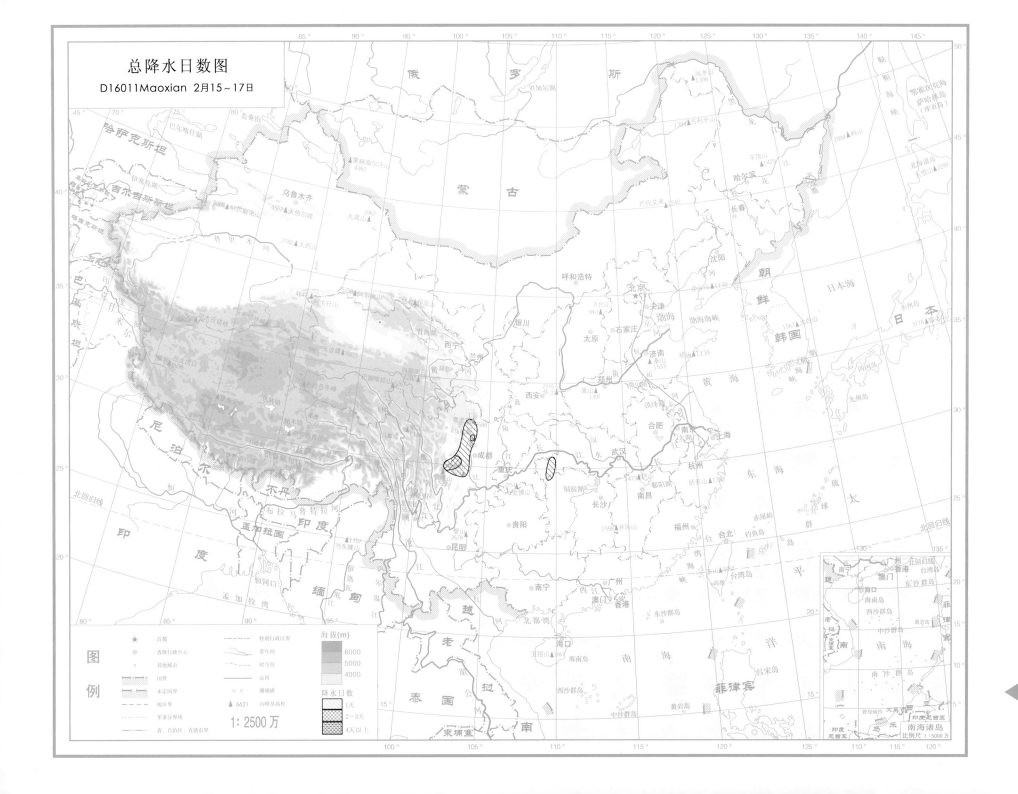

总降水日数图
D16011Maoxian 2月15~17日

图例

★ 首都
◎ 省级行政中心
○ 其他城市
国界
未定国界
地区界
军事分界线
省、自治区、直辖市界

特别行政区界
常年河
时令河
运河
珊瑚礁
▲6621 山峰及高程

海拔(m)
6000
5000
4000

降水日数
1天
2~3天
4天以上

1: 2500万

南海诸岛
比例尺 1:5000万

55

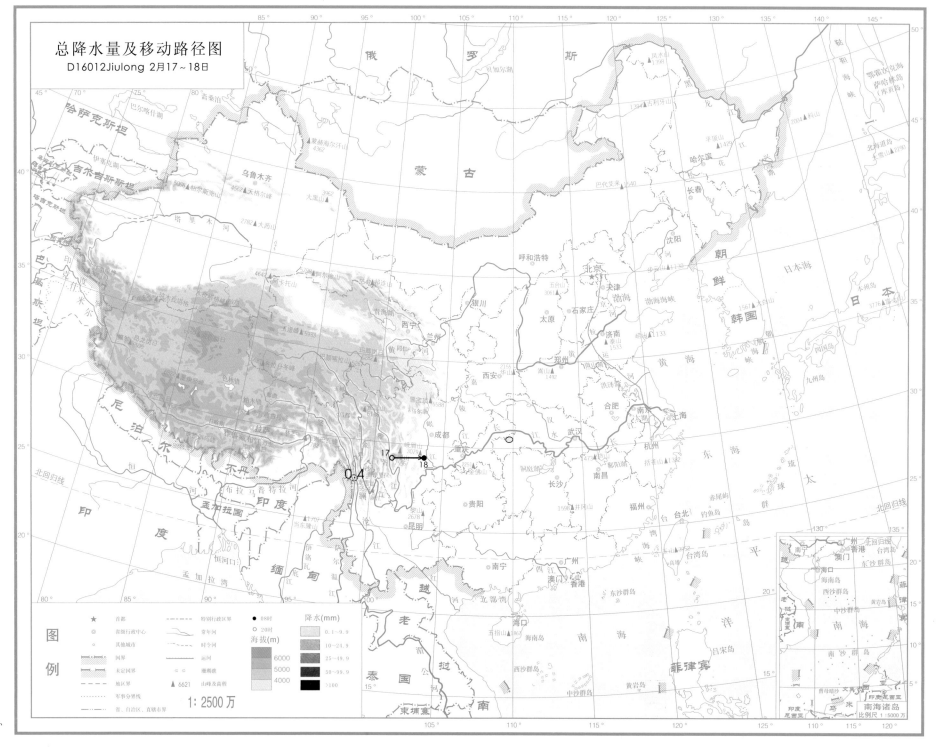

总降水量及移动路径图
D16012Jiulong 2月17~18日

总降水日数图

D16012Jiulong 2月17~18日

俄　罗　斯

哈萨克斯坦

蒙　古

朝鲜

韩国

日本海

日本

尼泊尔

印度

缅甸

越南

老挝

泰国

柬埔寨

菲律宾

太平洋

东海

南海

北回归线

北回归线

乌鲁木齐

呼和浩特

北京

天津

沈阳

哈尔滨

长春

石家庄

太原

济南

银川

西宁

兰州

郑州

西安

成都

重庆

武汉

合肥

南京

上海

杭州

南昌

长沙

贵阳

昆明

福州

台北

广州

南宁

海口

澳门

香港

1: 2500 万

图例

★	首都
◎	省级行政中心
○	其他城市

——	国界
	未定国界
---	地区界
⋯⋯	军事分界线
——	省、自治区、直辖市界

----	特别行政区界
——	常年河
----	时令河
——	运河
◡◡	珊瑚礁
▲ 6621	山峰及高程

海拔(m)

6000
5000
4000

降水日数

1天
2~3天
4天以上

南海诸岛
比例尺 1:5000万

67

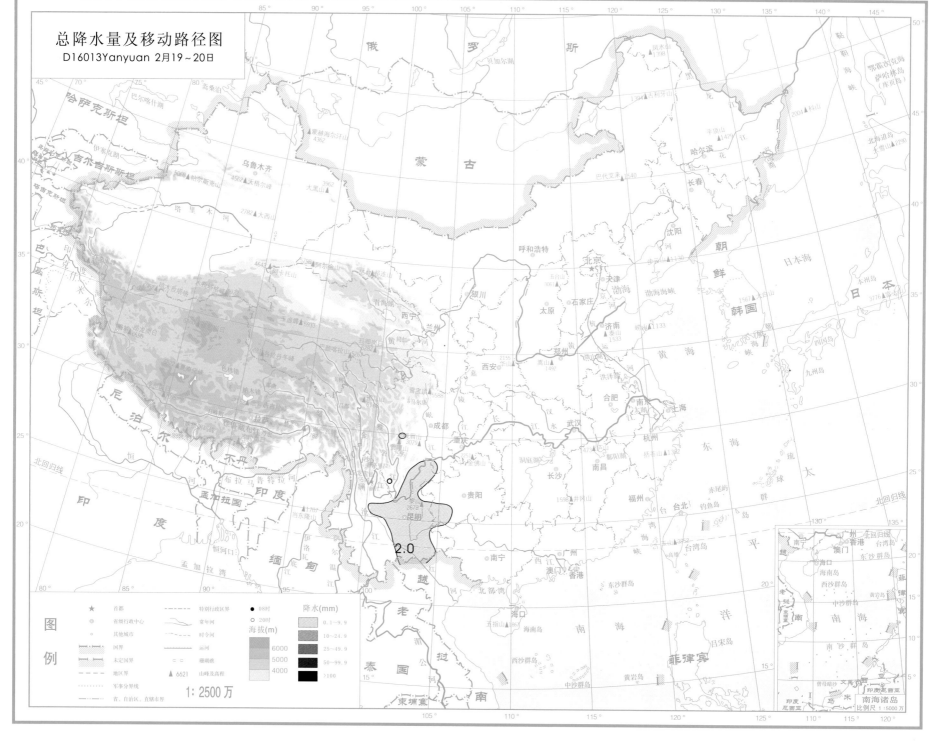

总降水量及移动路径图
D16013Yanyuan 2月19~20日

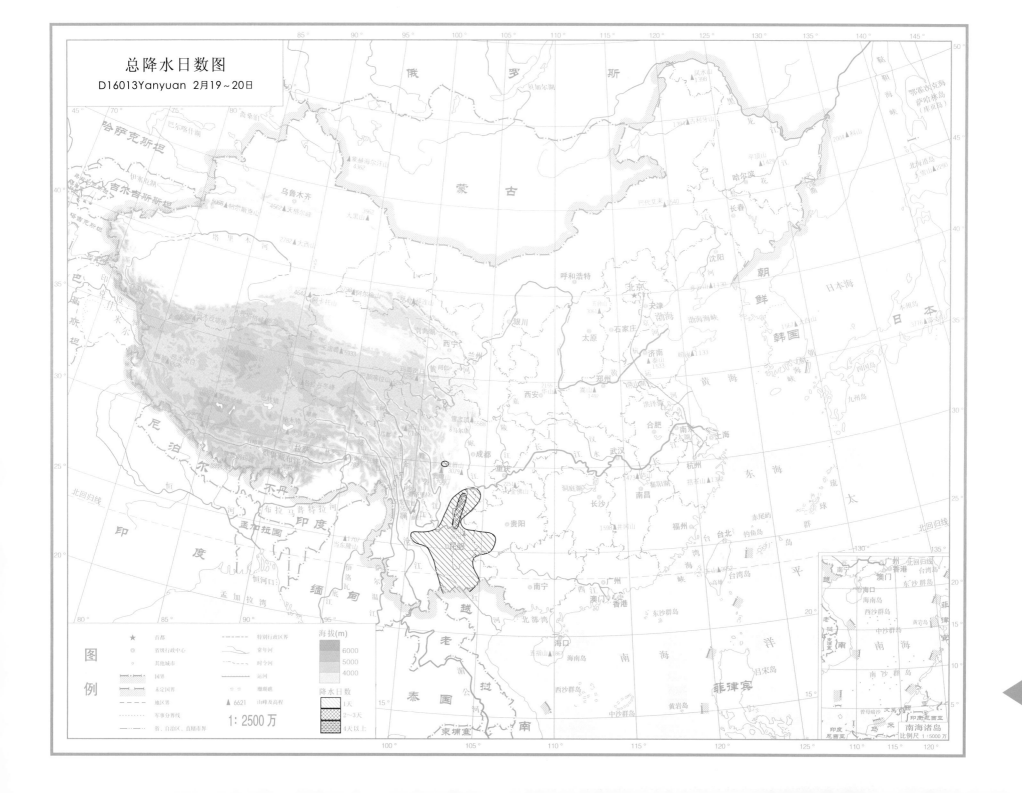

总降水日数图
D16013Yanyuan 2月19～20日

1:2500万

59

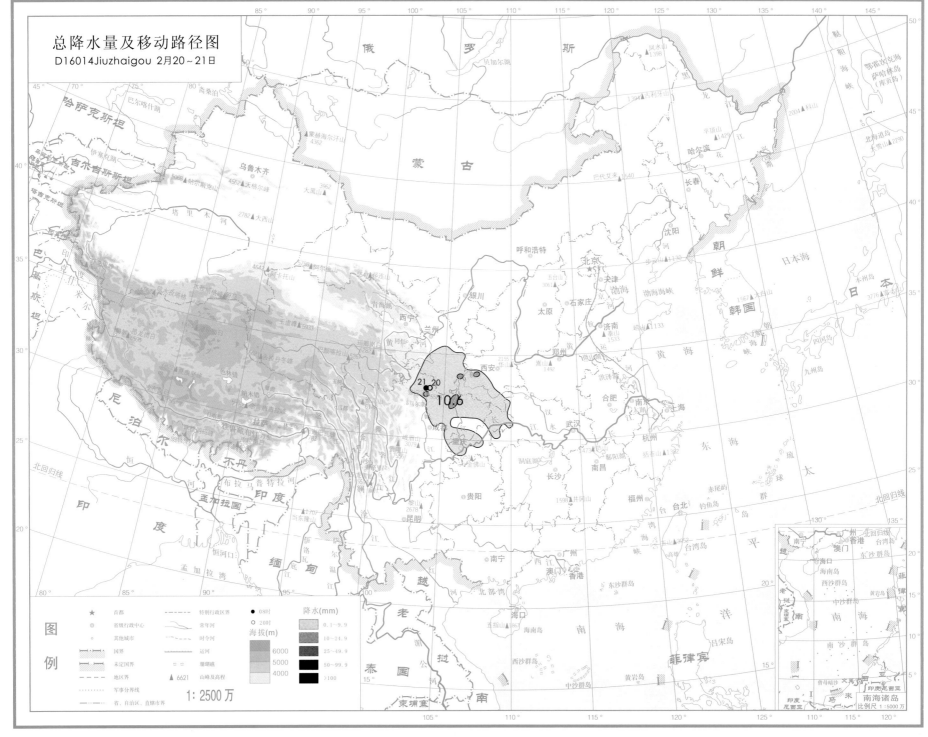

总降水量及移动路径图
D16014Jiuzhaigou 2月20~21日

总降水日数图

D16014Jiuzhaigou 2月20～21日

图例

★ 首都	特别行政区界
◎ 省级行政中心	常年河
○ 其他城市	时令河
国界	运河
未定国界	湖泊、池
地区界	▲ 6621 山峰及高程
军事分界线	
省、自治区、直辖市界	

海拔(m)

6000
5000
4000

降水日数

1天
2～3天
4天以上

1：2500万

南海诸岛
比例尺 1：5000万

61

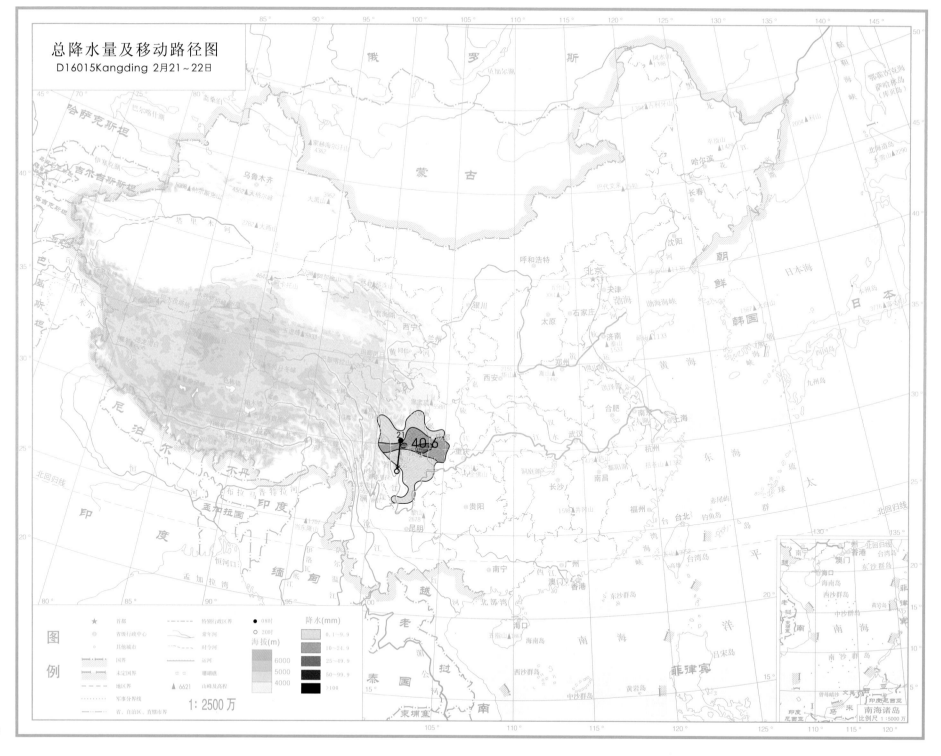

总降水量及移动路径图
D16015Kangding 2月21~22日

图例

★	首都		特别行政区界
◎	省级行政中心		常年河
●	其他城市		时令河
	国界	▭	运河
	未定国界	▭	珊瑚礁
	地区界	▲ 6621	山峰及高程
	军事分界线		
	省、自治区、直辖市界		

1:2500万

海拔(m)
6000
5000
4000

降水日数
1天
2~3天
4天以上

南海诸岛
比例尺 1:5000万

63

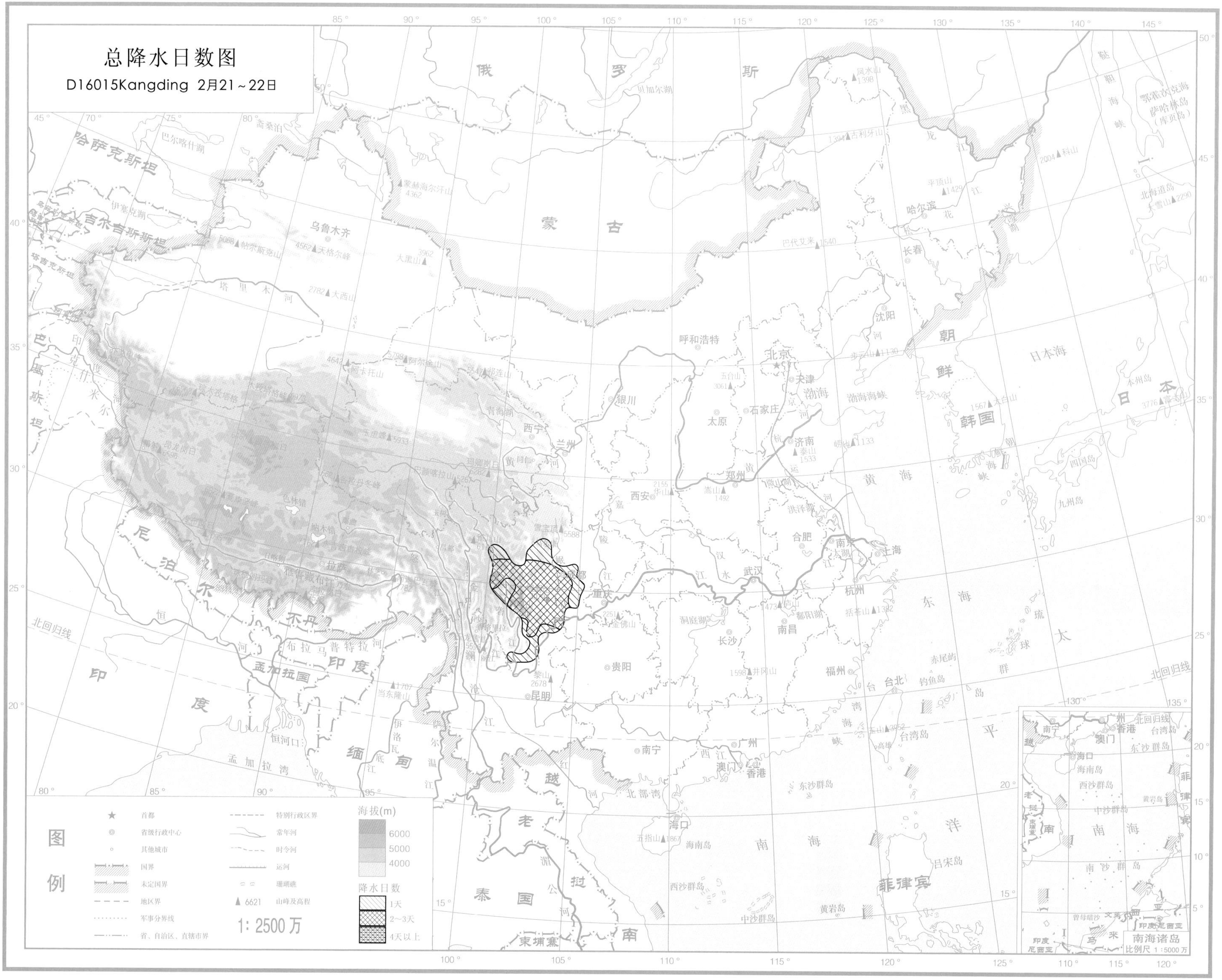

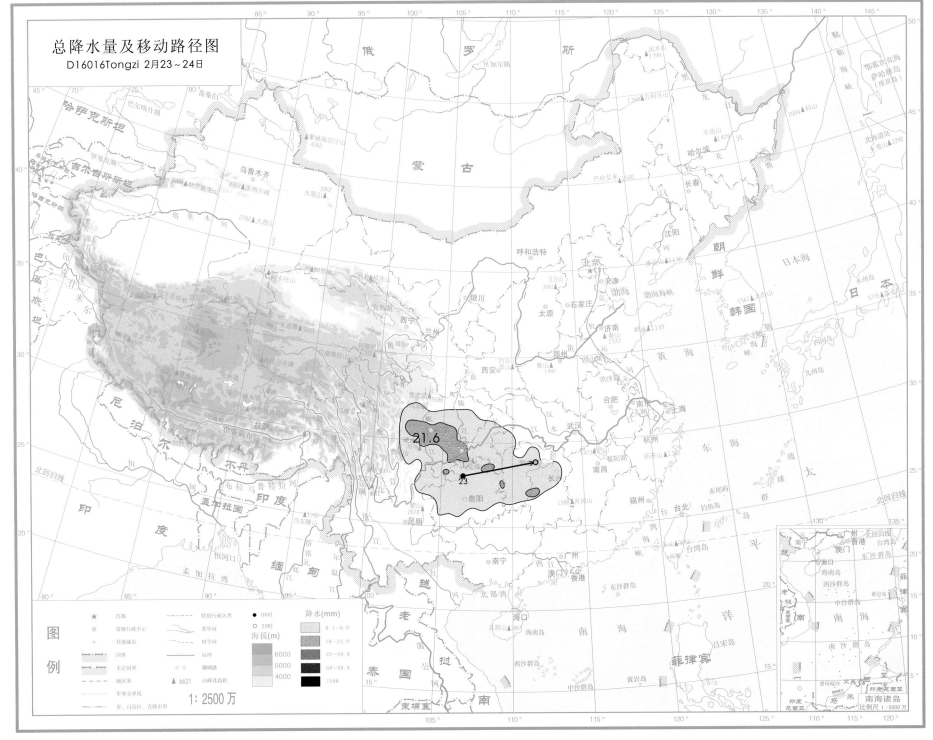

总降水量及移动路径图
D16016Tongzi 2月23～24日

21.6

23

总降水日数图
D16016Tongzi 2月23~24日

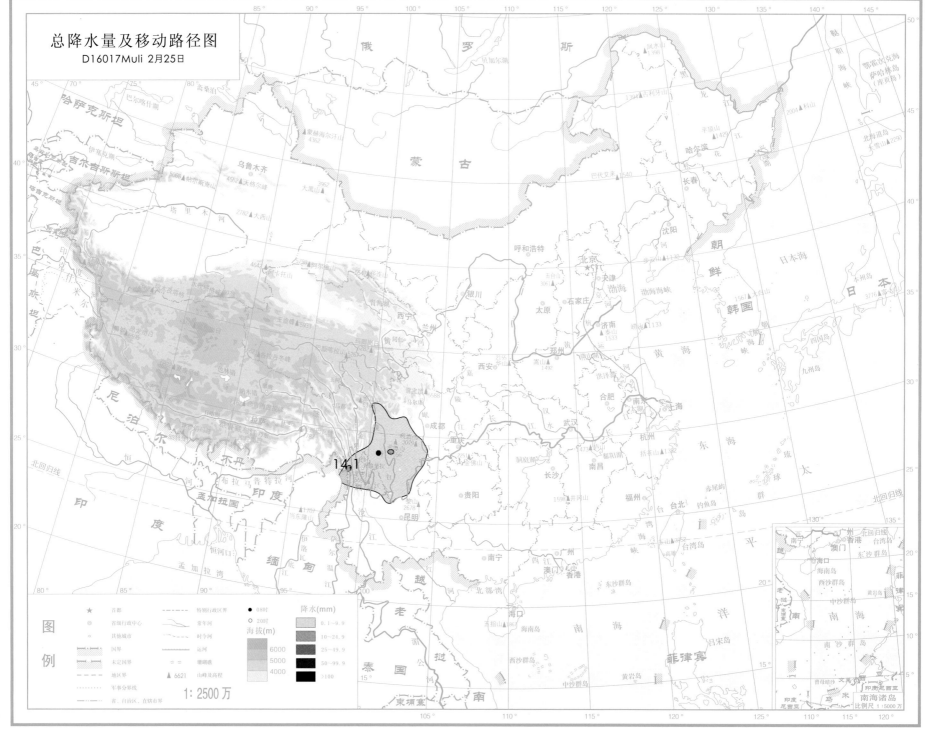

总降水量及移动路径图
D16017Muli 2月25日

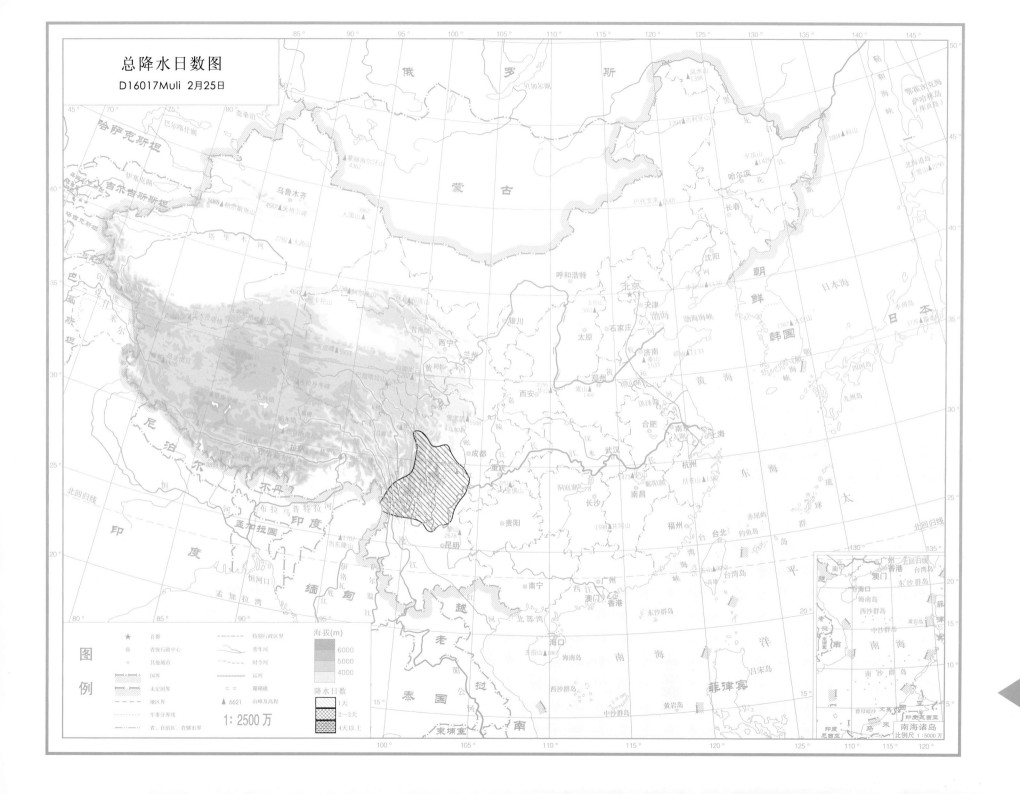

总降水日数图
D16017Muli 2月25日

1:2500万

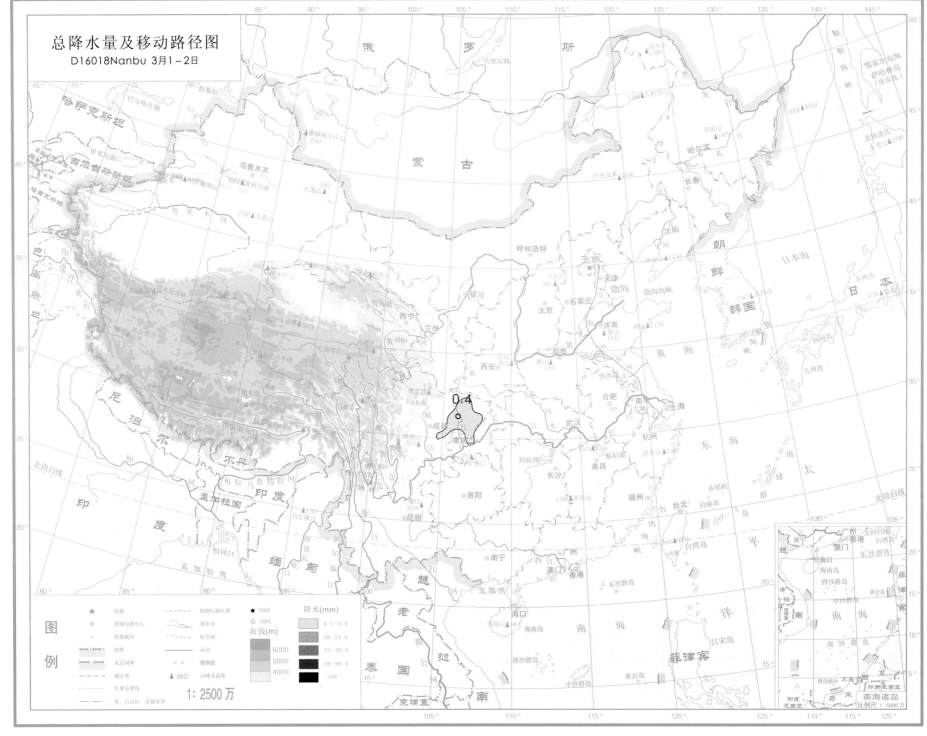

总降水量及移动路径图
D16018Nanbu 3月1~2日

1:2500万

总降水日数图

D16018Nanbu 3月1～2日

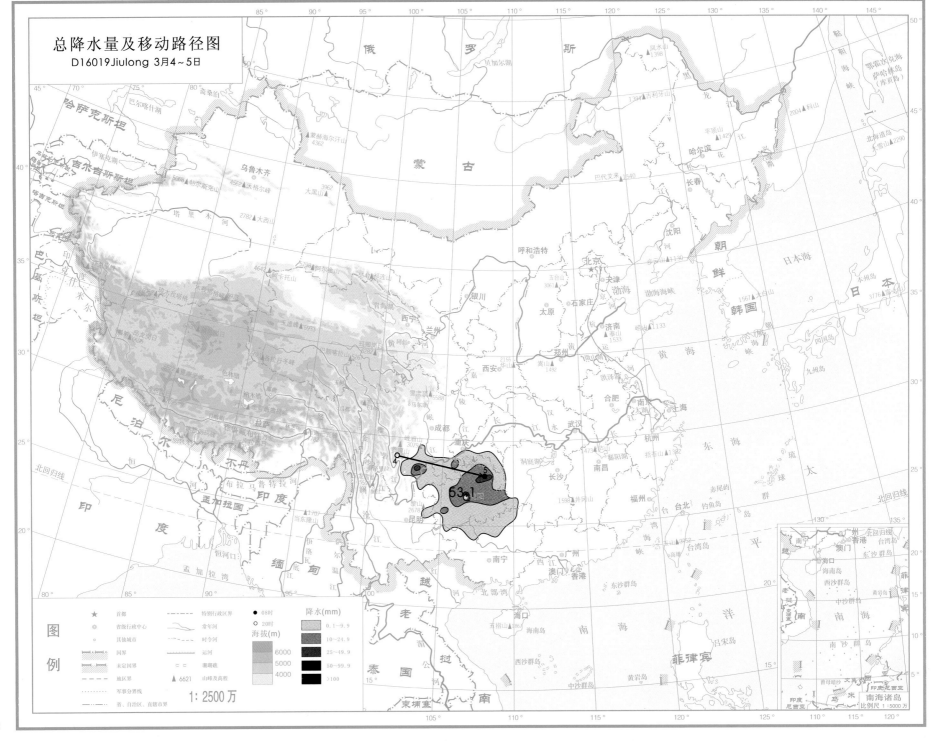

总降水量及移动路径图
D16019 Jiulong 3月4~5日

总降水日数图

D16019Jiulong 3月4~5日

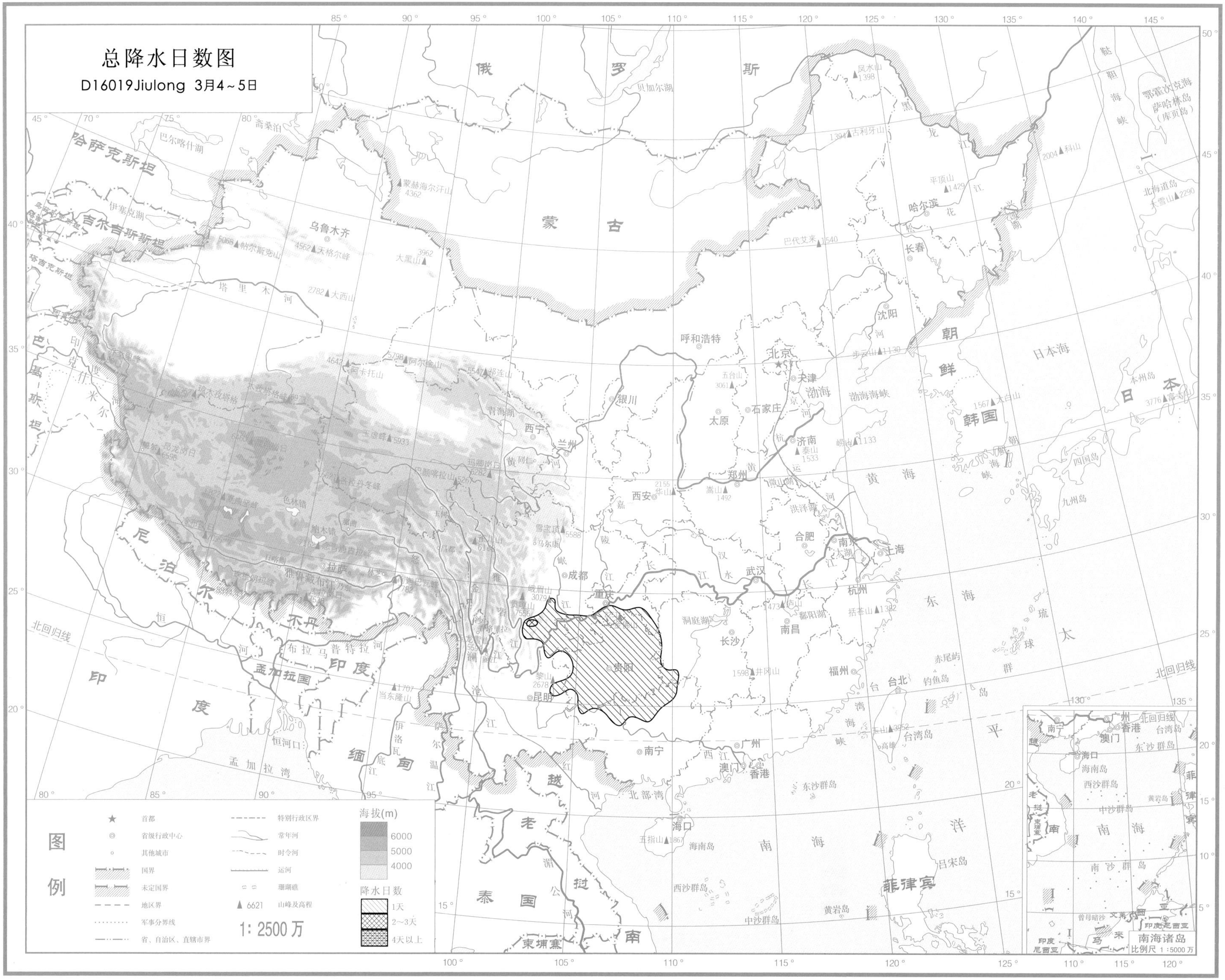

图例

★	首都	
◎	省级行政中心	
○	其他城市	

-----	特别行政区界	
~~	常年河	
-----	时令河	
======	运河	
======	珊瑚礁	
▲ 6621	山峰及高程	

国界
未定国界
地区界
军事分界线
省、自治区、直辖市界

海拔(m)
6000
5000
4000

降水日数
1天
2~3天
4天以上

1:2500万

南海诸岛
比例尺 1:5000万

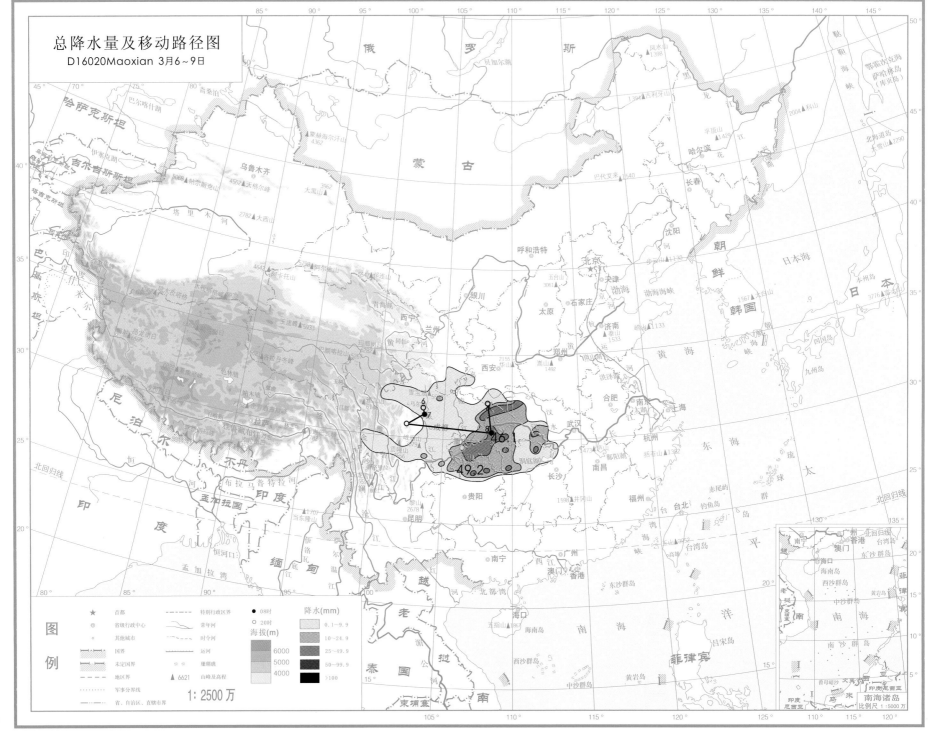

总降水量及移动路径图
D16020Maoxian 3月6～9日

总降水日数图

D16020Maoxian 3月6~9日

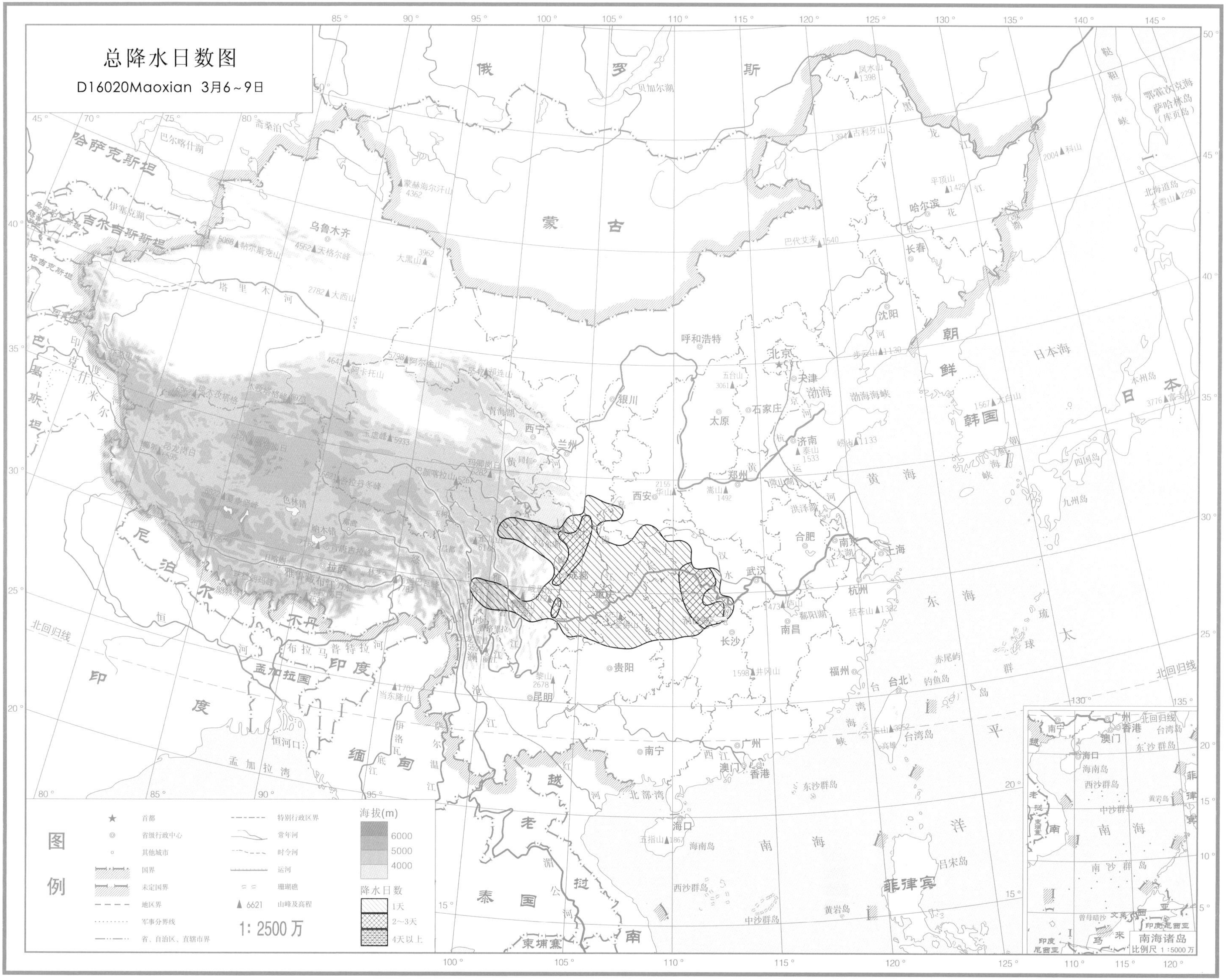

图例

★ 首都
◎ 省级行政中心
○ 其他城市
国界
未定国界
地区界
军事分界线
省、自治区、直辖市界

特别行政区界
常年河
时令河
运河
珊瑚礁
▲ 6621 山峰及高程

海拔(m)
6000
5000
4000

降水日数
1天
2~3天
4天以上

1：2500万

南海诸岛
比例尺 1：5000万

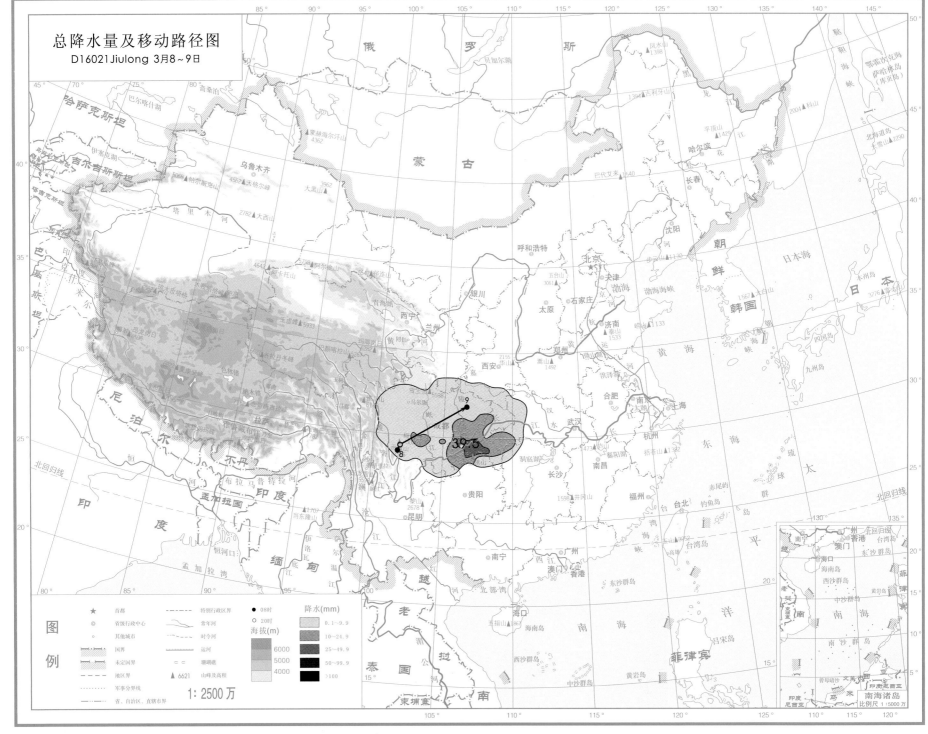

总降水量及移动路径图
D16021Jiulong 3月8~9日

图
例

★	首都		
◉	省级行政中心		
⊡	其他城市		

特别行政区界
常年河
时令河
运河
雎期底
▲6621 山峰及高程

海拔(m)
6000
5000
4000

降水日数
1天
2～3天
4天以上

国界
未定国界
地区界
军事分界线
省、自治区、直辖市界

1:2500万

南海诸岛
比例尺 1:5000万

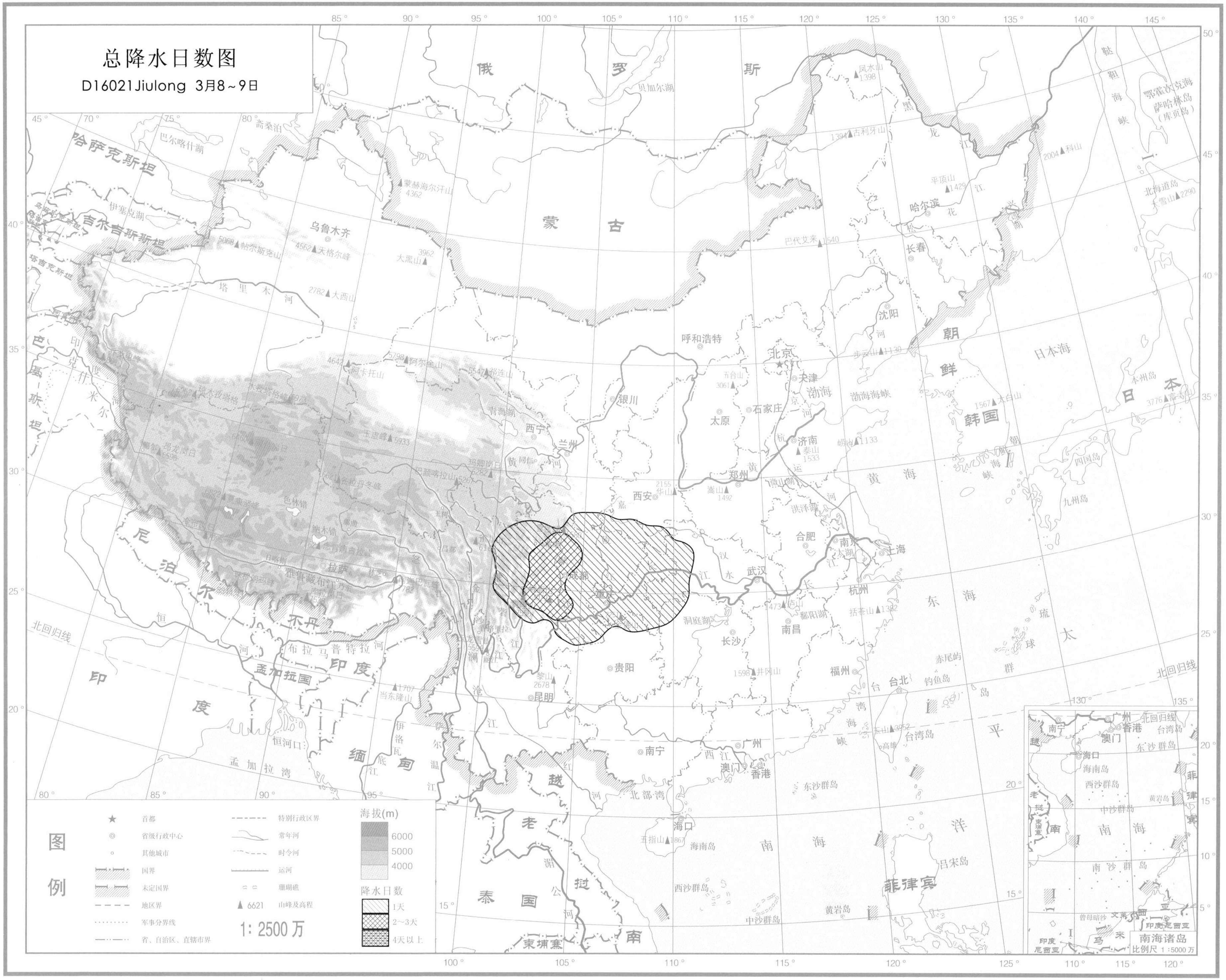

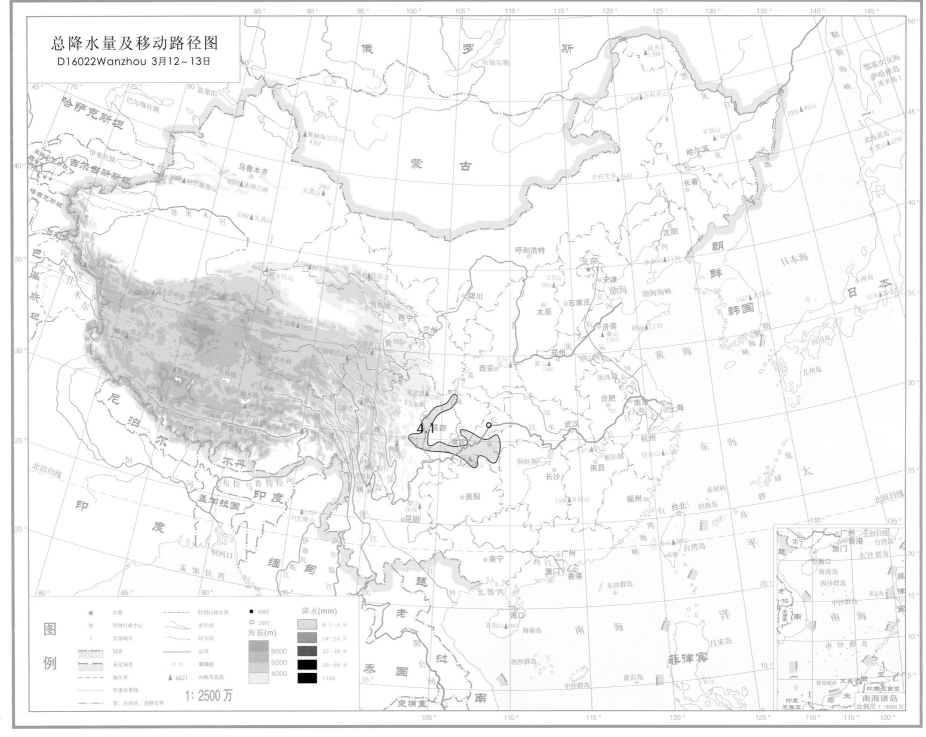

总降水量及移动路径图
D16022Wanzhou 3月12~13日

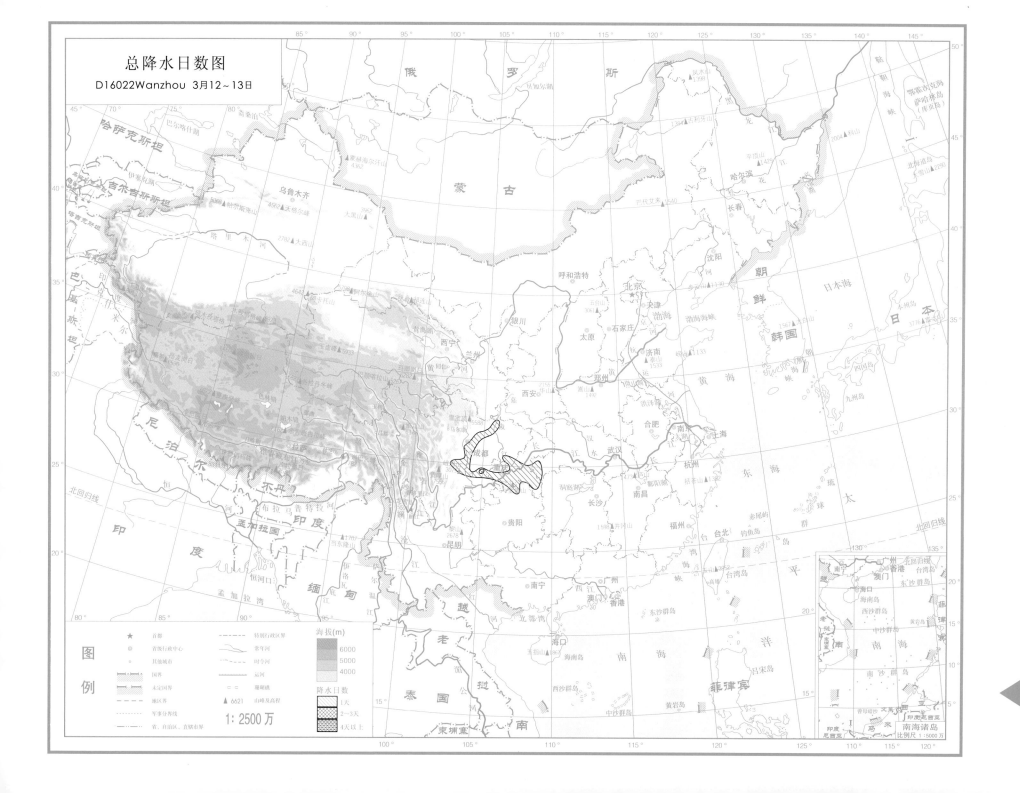

总降水日数图

D16022Wanzhou 3月12~13日

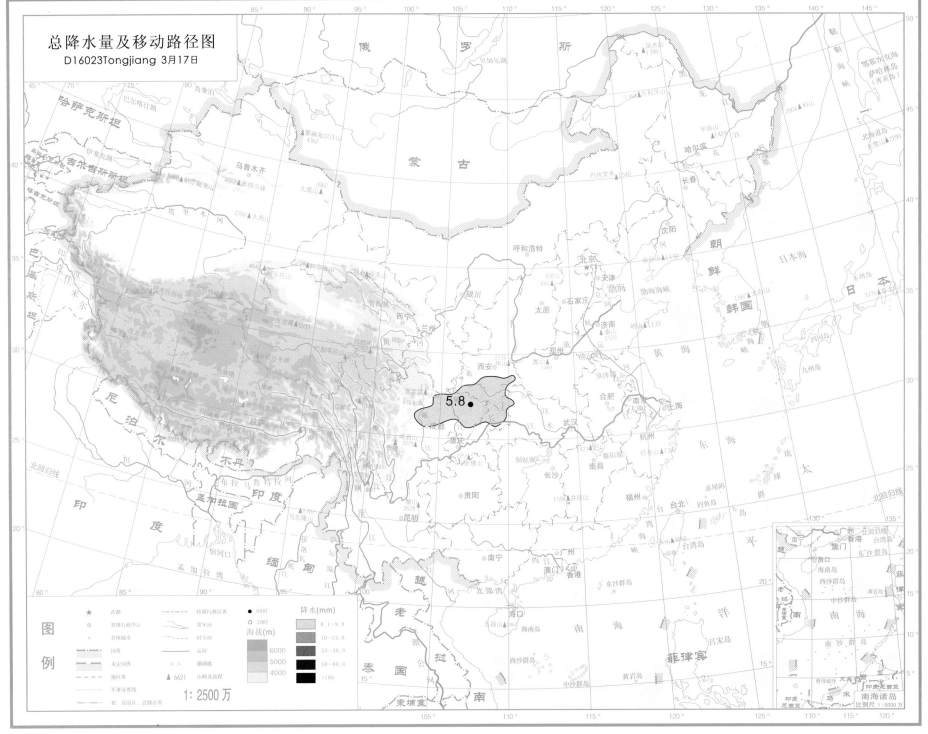

总降水量及移动路径图
D16023Tongjiang 3月17日

5.8

総降水日数図
D16023Tongjiang 3月17日

1:2500万

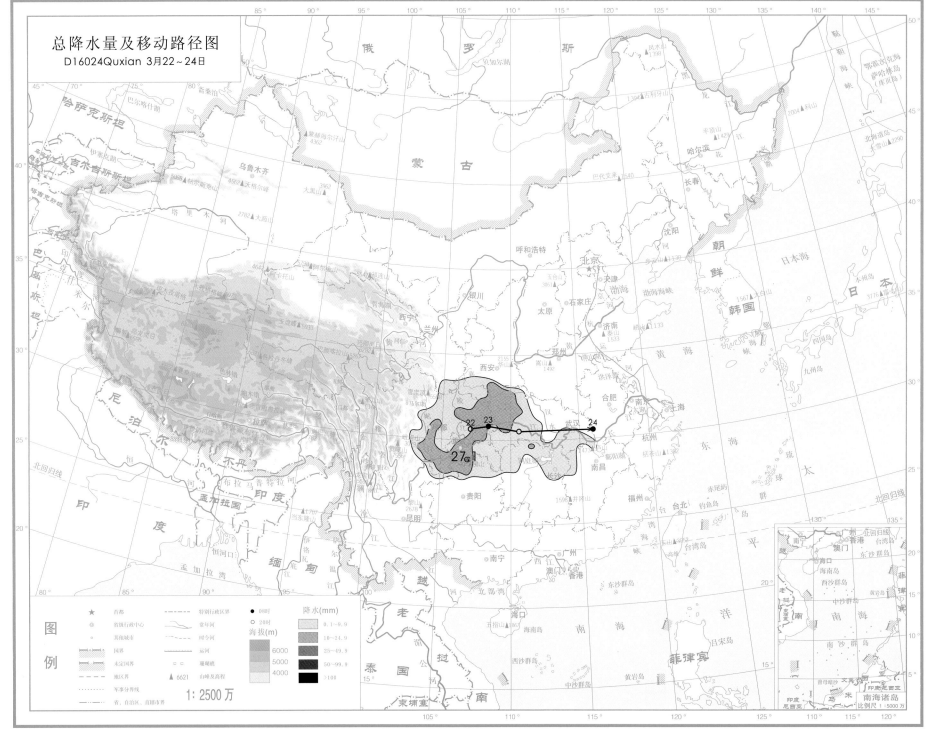

总降水量及移动路径图
D16024Quxian 3月22~24日

总降水日数图
D16024Quxian 3月22~24日

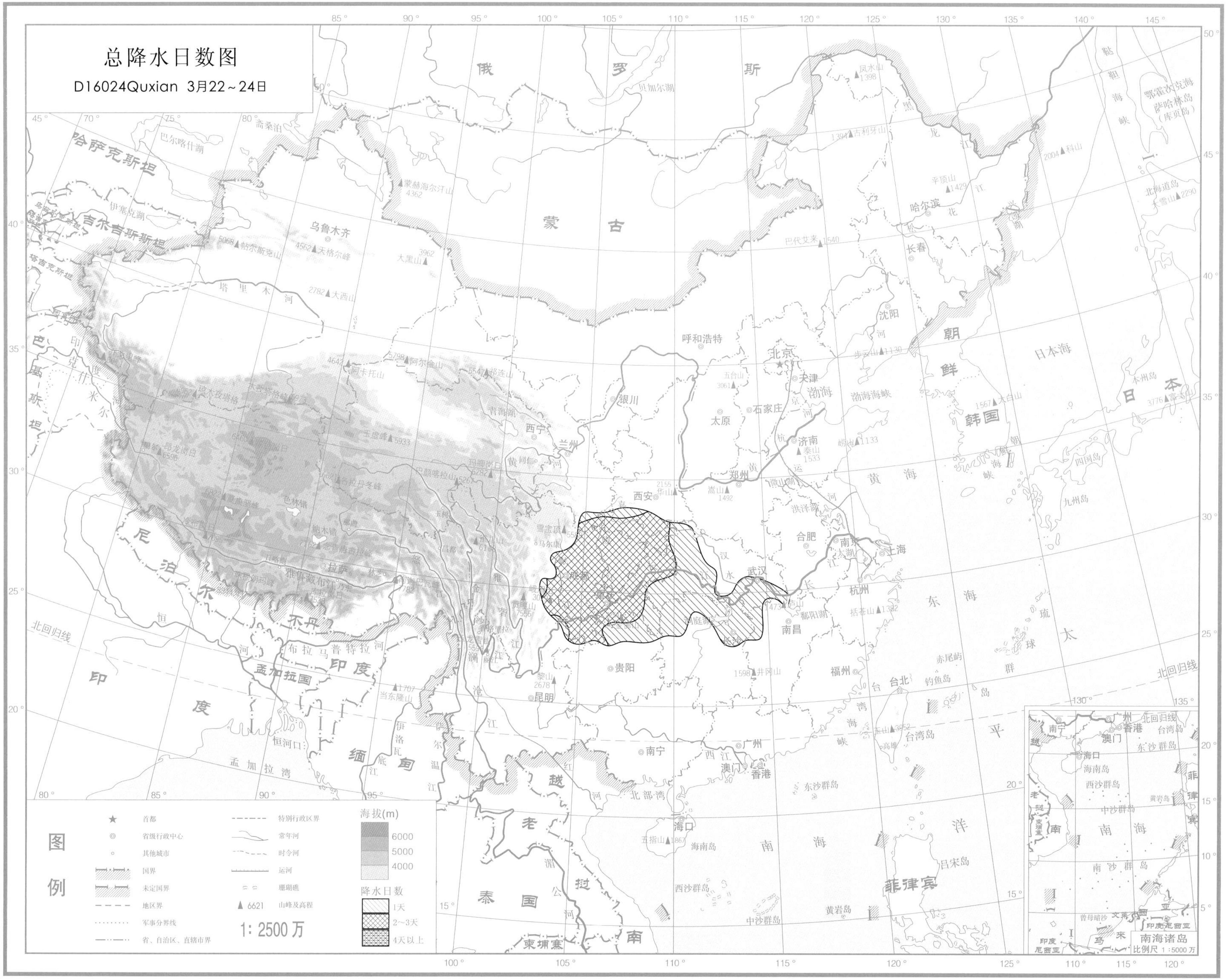

图例

★ 首都
◎ 省级行政中心
○ 其他城市

⎯⎯⎯ 国界
⎯⎯⎯ 未定国界
— — — 地区界
·········· 军事分界线
⎯ · ⎯ 省、自治区、直辖市界

------ 特别行政区界
～～～ 常年河
- - - 时令河
= = 运河
===== 堰期流
▲ 6621 山峰及高程

海拔(m)
6000
5000
4000

降水日数
1天
2～3天
4天以上

1:2500万

南海诸岛
比例尺 1:5000万

81

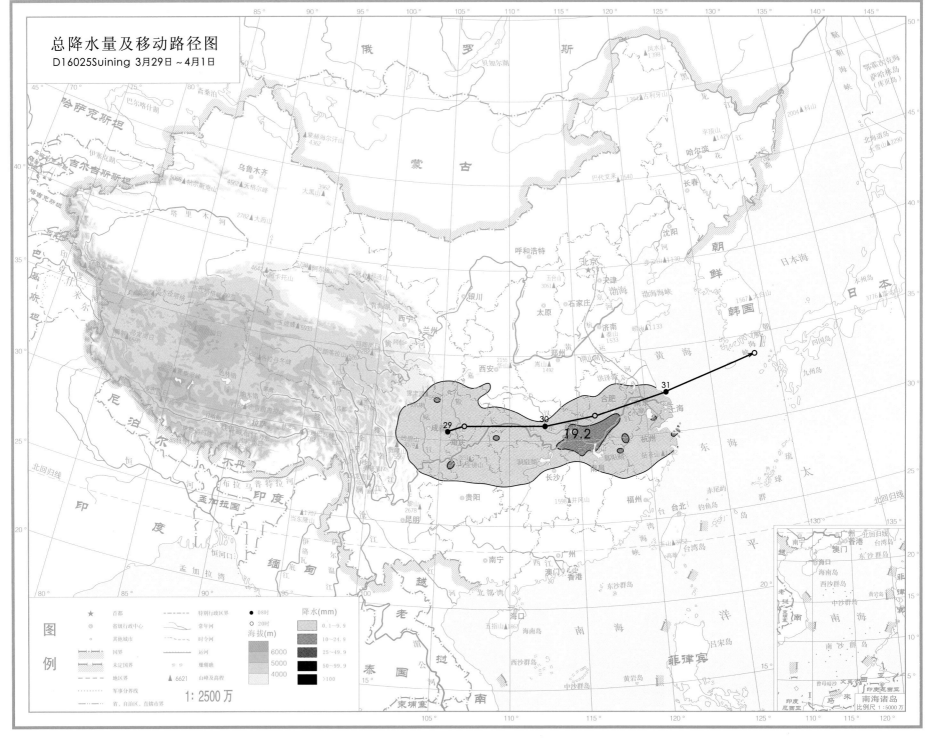

总降水量及移动路径图
D16025Suining 3月29日～4月1日

总降水日数图
D16025Suining 3月29日~4月1日

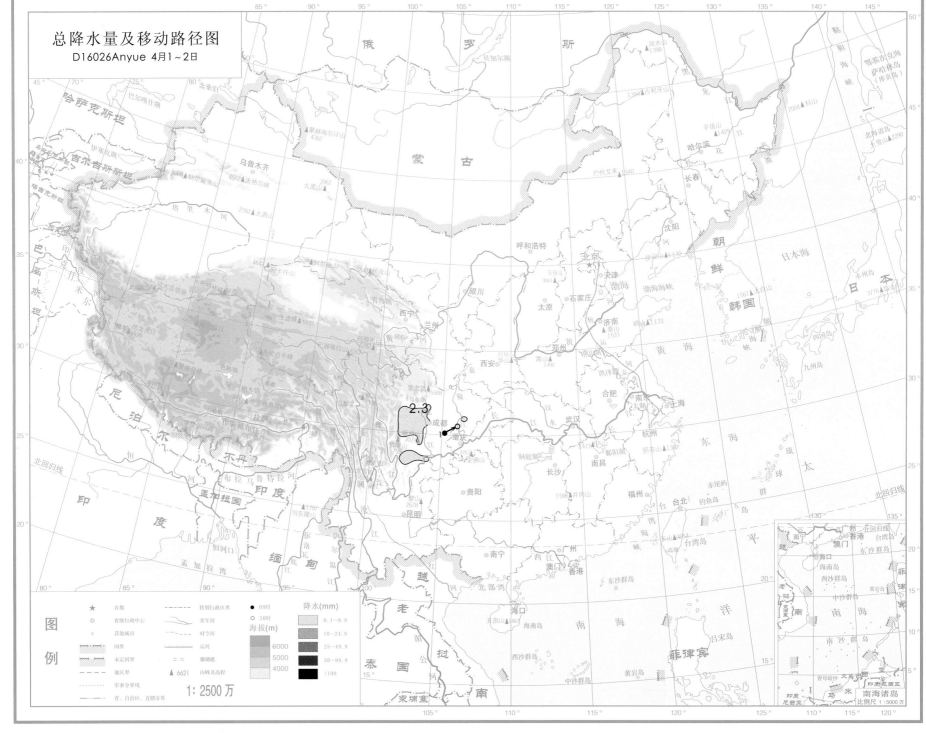

总降水量及移动路径图
D16026Anyue 4月1~2日

总降水日数图

D16026Anyue 4月1~2日

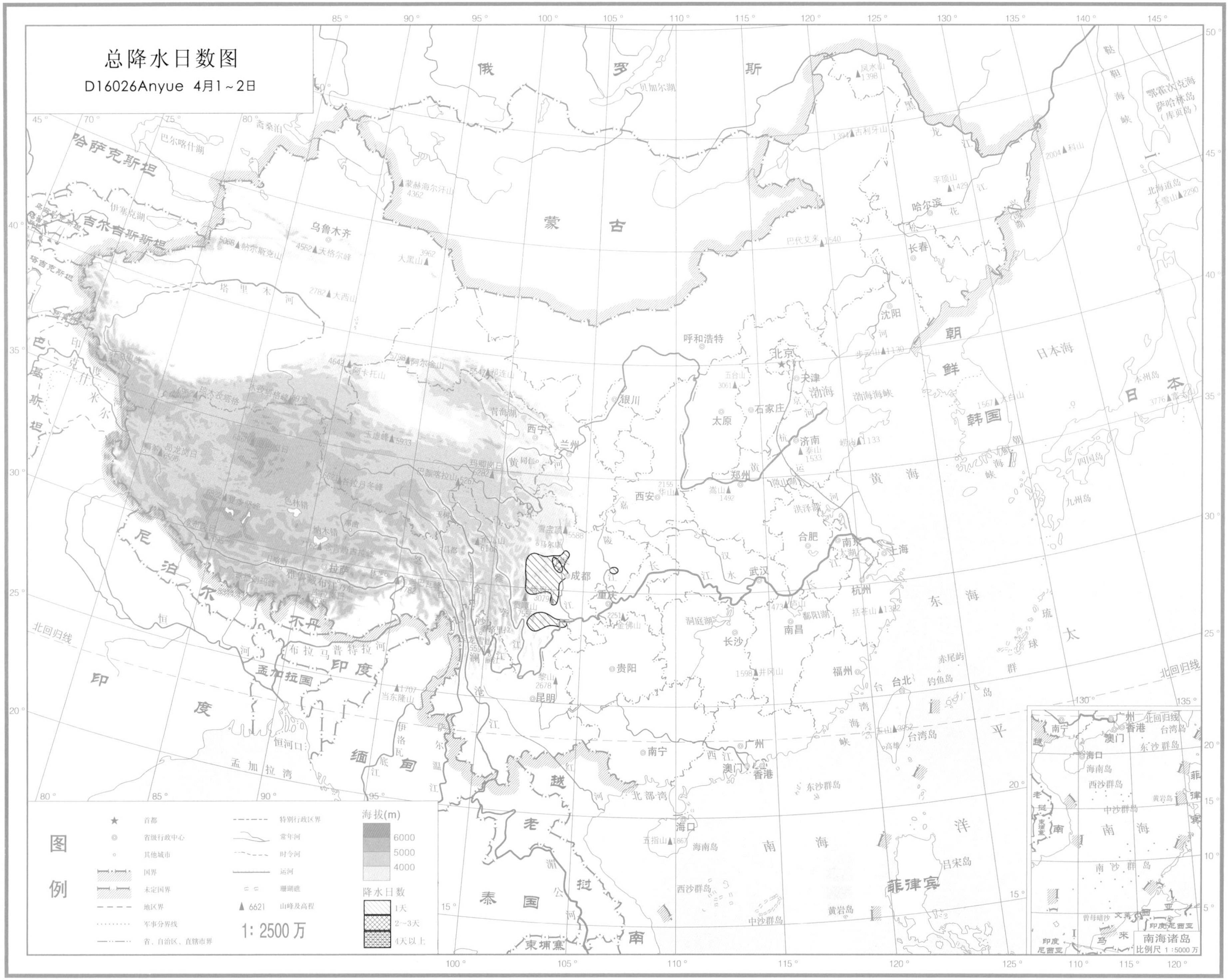

图例

★ 首都	特别行政区界
◎ 省级行政中心	常年河
○ 其他城市	时令河
国界	运河
未定国界	珊瑚礁
地区界	▲ 6621 山峰及高程
军事分界线	
省、自治区、直辖市界	

海拔(m)

6000
5000
4000

降水日数

1天
2~3天
4天以上

1:2500万

南海诸岛
比例尺 1:5000万

85

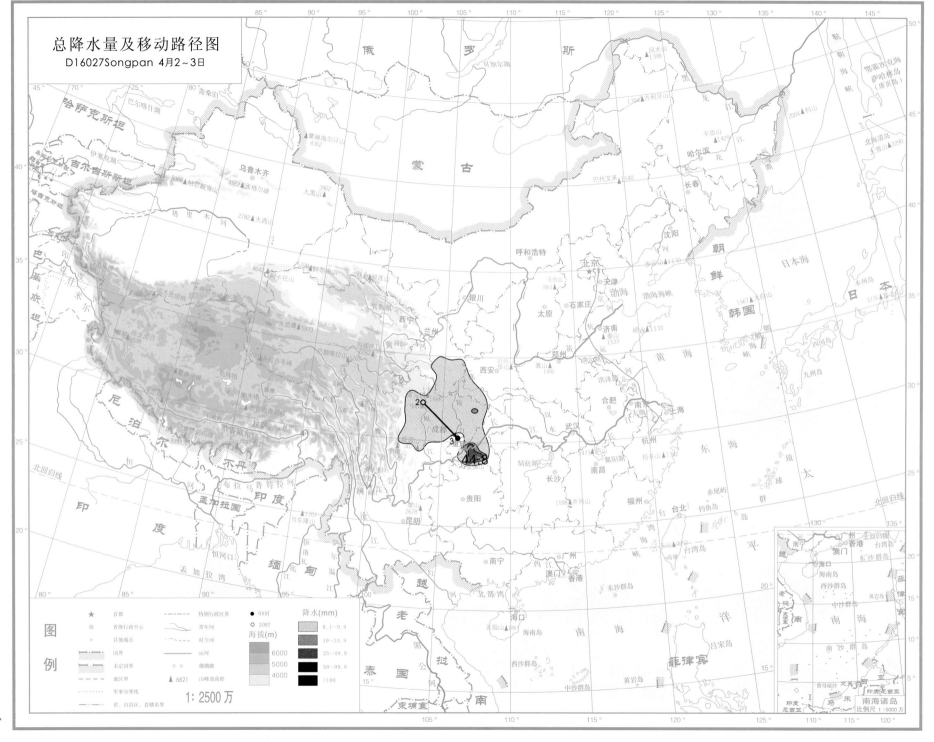

总降水量及移动路径图
D16027Songpan 4月2~3日

俄　罗　斯

蒙　古

哈萨克斯坦

吉尔吉斯斯坦

朝　鲜

韩　国

日　本

印　度

缅　甸

泰　国

越　南

老　挝

柬　埔　寨

菲　律　宾

乌鲁木齐

呼和浩特

北京

天津

沈阳

长春

哈尔滨

石家庄

太原

济南

郑州

西安

兰州

西宁

银川

成都

重庆

武汉

合肥

南京

上海

杭州

南昌

长沙

贵阳

昆明

福州

台北

南宁

广州

澳门

香港

海口

图　例

★　　　首都

◎　　　省级行政中心

○　　　其他城市

　　　　国界

　　　　未定国界

　　　　地区界

　　　　军事分界线

　　　　省、自治区、直辖市界

　　　　特别行政区界

　　　　常年河

　　　　时令河

　　　　运河

　　　　珊瑚礁

▲ 6621　山峰及高程

海拔(m)

6000

5000

4000

降水日数

1天

2~3天

4天以上

1：2500万

南海诸岛

比例尺 1：5000万

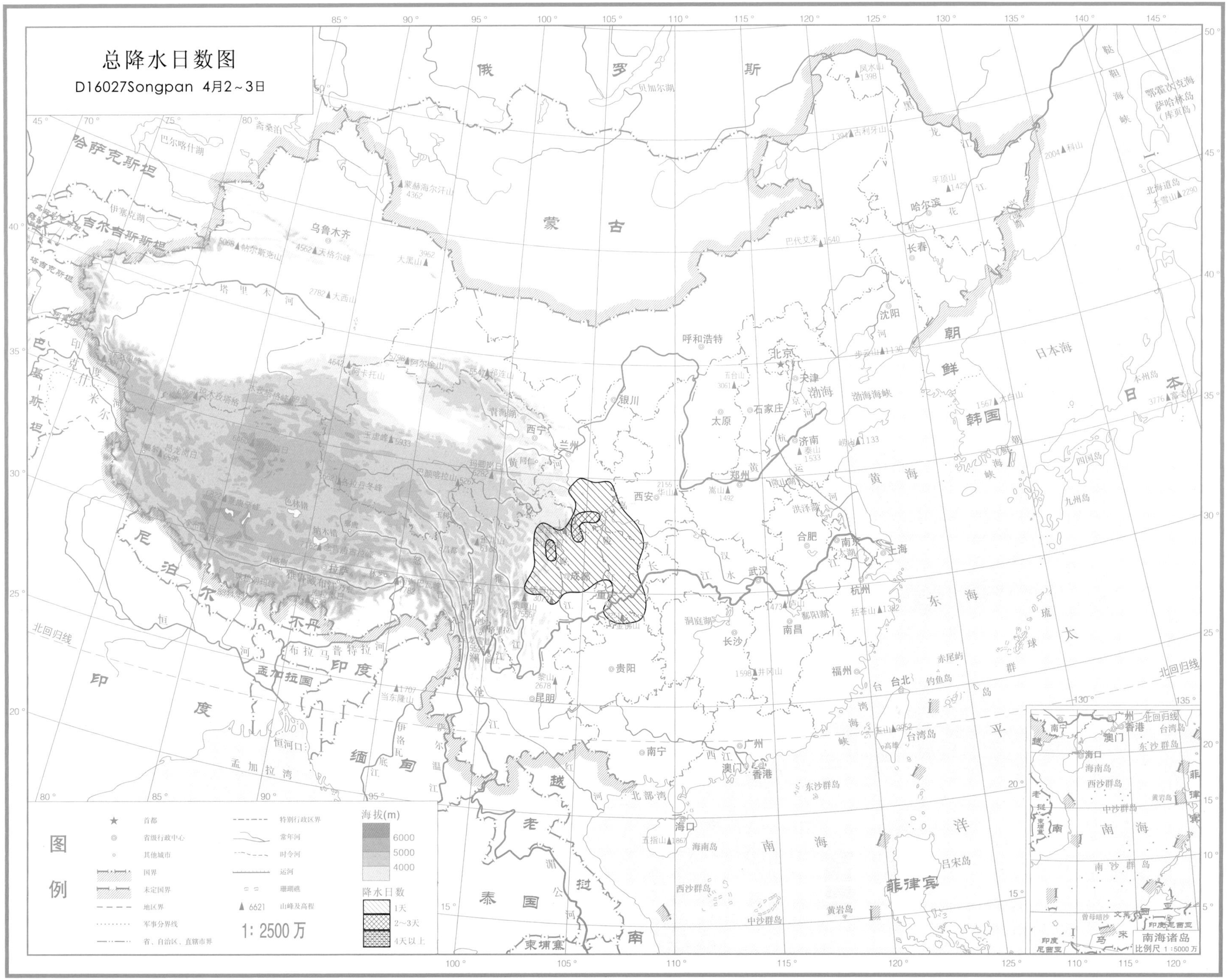

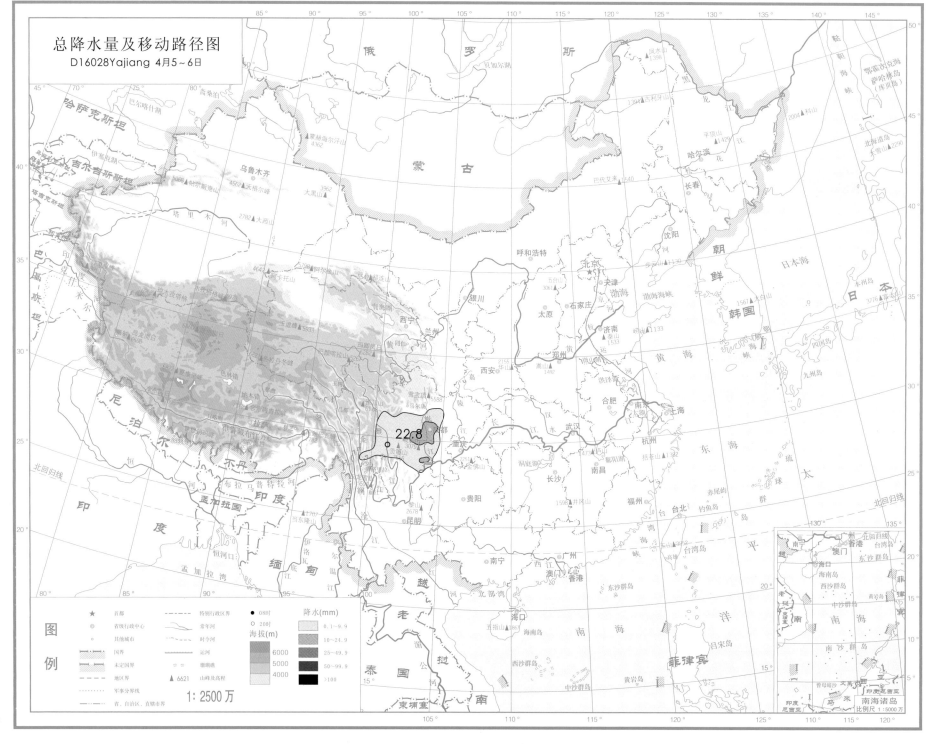

总降水量及移动路径图
D16028Yajiang 4月5~6日

22.8

图例

★ 首都	----- 特别行政区界	● 08时	降水(mm)
◎ 省级行政中心	—— 常年河	○ 20时	0.1~9.9
○ 其他城市	== 时令河		10~24.9
	—— 运河		25~49.9
国界	== 地下河	海拔(m)	50~99.9
未定国界		6000	>100
地区界	▲ 6621 山峰及高程	5000	
军事分界线		4000	
省、自治区、直辖市界			

1：2500 万

南海诸岛
比例尺 1：5000 万

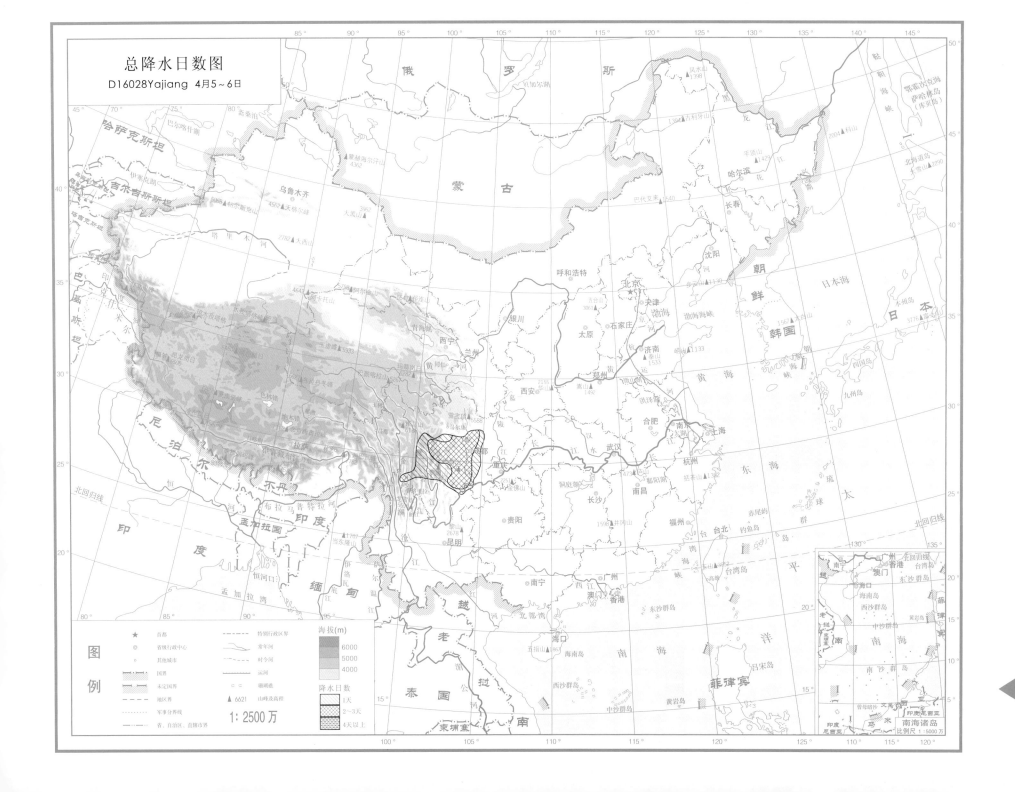

总降水日数图

D16028Yajiang 4月5~6日

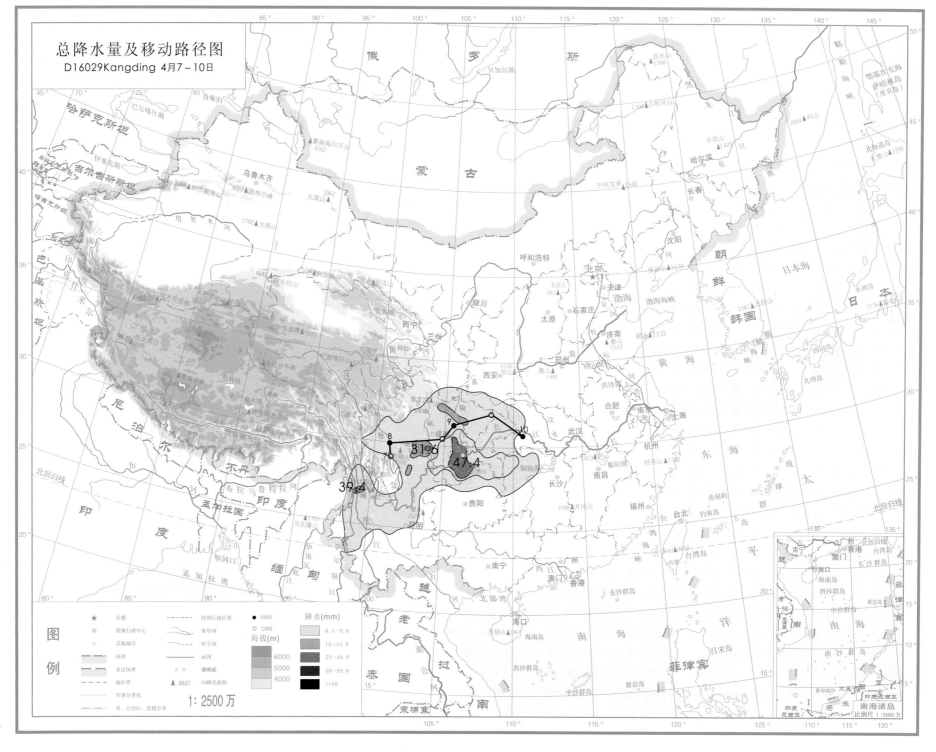

总降水量及移动路径图
D16029Kangding 4月7~10日

总降水日数图

D16029Kangding 4月7～10日

图例
首都
省级行政中心
其他城市
国界
未定国界
地区界
军事分界线
省、自治区、直辖市界
特别行政区界
常年河
时令河
运河
珊瑚礁
6621 山峰及高程
1: 2500万
海拔(m)
6000
5000
4000
降水日数
1天
2～3天
4天以上
俄 罗 斯
蒙 古
哈萨克斯坦
吉尔吉斯斯坦
塔吉克斯坦
巴基斯坦
尼泊尔
不丹
印度
孟加拉国
缅甸
老挝
越南
泰国
柬埔寨
朝鲜
韩国
日本
日本海
渤海
黄海
东海
南海
太平洋
菲律宾
北京
天津
石家庄
太原
呼和浩特
沈阳
长春
哈尔滨
济南
郑州
西安
银川
西宁
兰州
乌鲁木齐
拉萨
成都
重庆
贵阳
昆明
南宁
广州
长沙
武汉
南昌
合肥
南京
上海
杭州
福州
台北
香港
澳门
海口
北回归线
南海诸岛
比例尺 1:5000 万

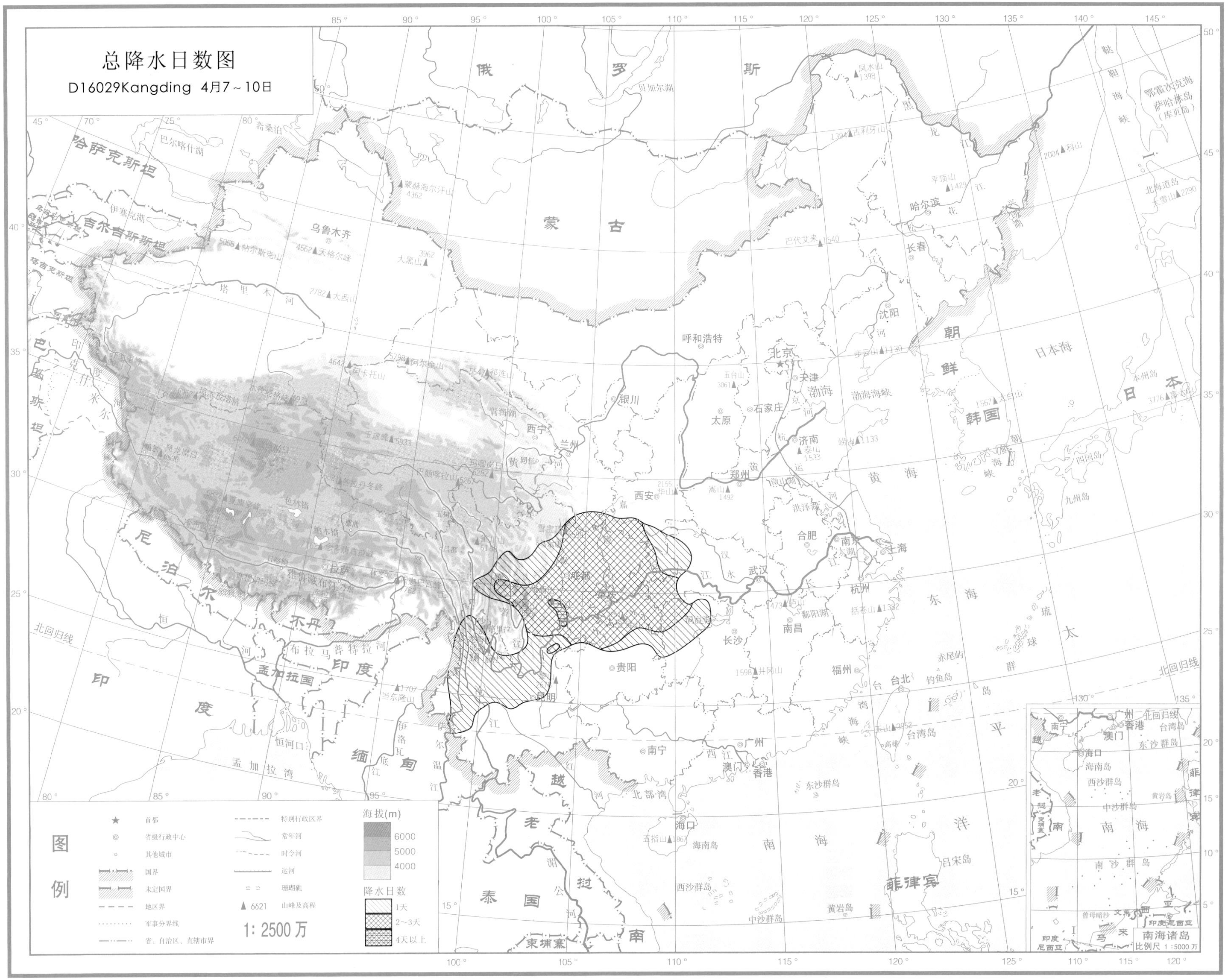

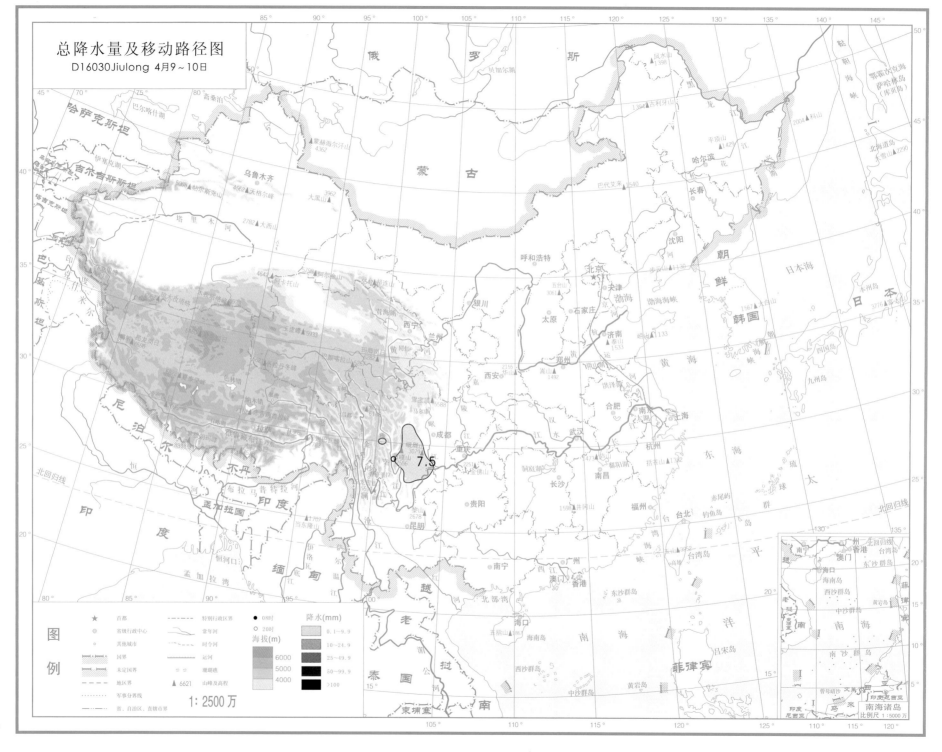

总降水量及移动路径图
D16030Jiulong 4月9~10日

总降水日数图

D16030Jiulong 4月9～10日

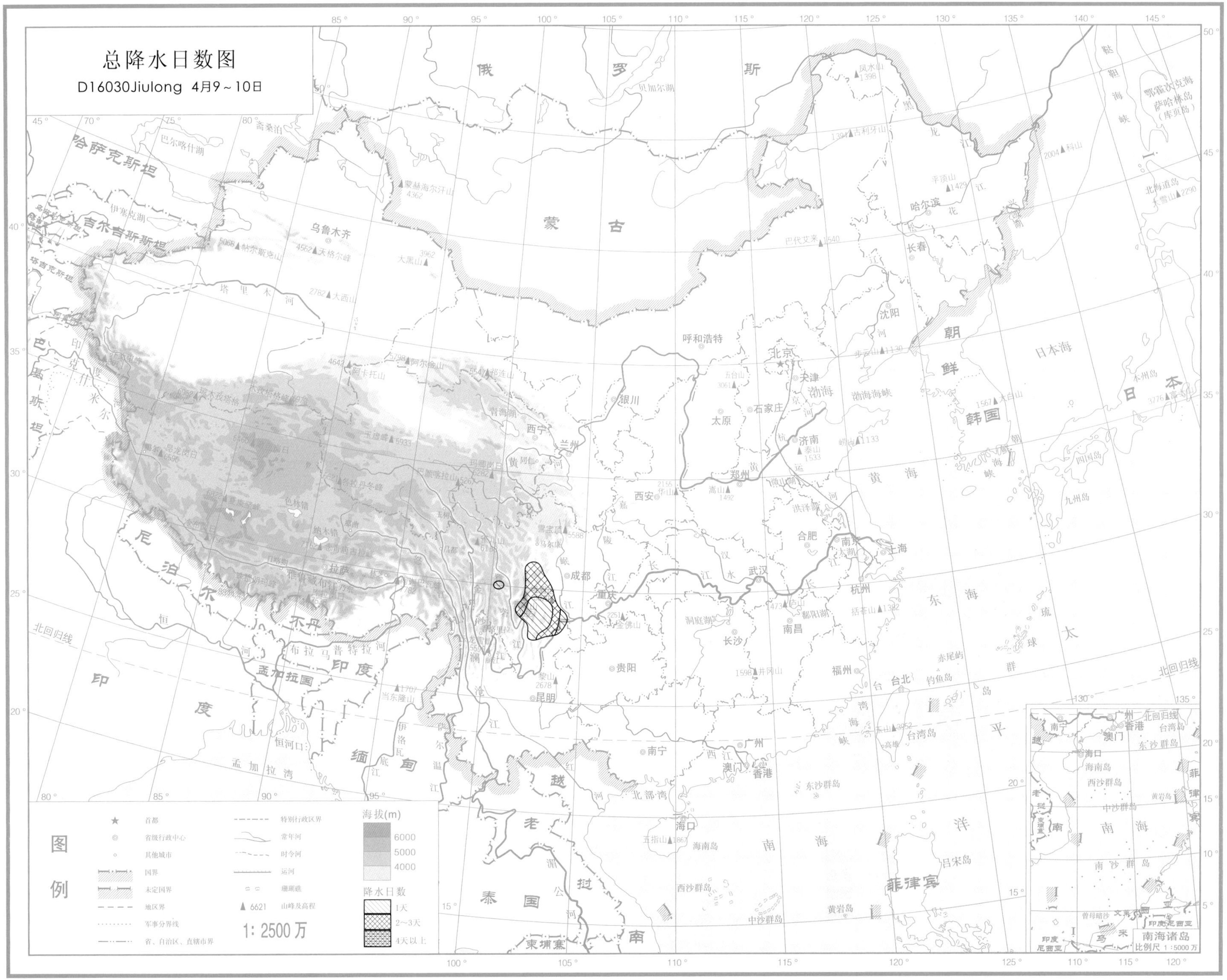

图例
首都
省级行政中心
其他城市
国界
未定国界
地区界
军事分界线
省、自治区、直辖市界
特别行政区界
常年河
时令河
运河
珊瑚礁
6621 山峰及高程
1：2500万
海拔(m)
6000
5000
4000
降水日数
1天
2～3天
4天以上
俄罗斯
蒙古
哈萨克斯坦
吉尔吉斯斯坦
塔吉克斯坦
巴基斯坦
印度
尼泊尔
不丹
孟加拉国
缅甸
老挝
泰国
越南
柬埔寨
朝鲜
韩国
日本
菲律宾
乌鲁木齐
西宁
兰州
银川
呼和浩特
北京
天津
石家庄
太原
济南
郑州
西安
成都
重庆
武汉
合肥
南京
上海
杭州
南昌
长沙
贵阳
昆明
南宁
广州
福州
台北
香港
澳门
海口
拉萨
沈阳
长春
哈尔滨
渤海
黄海
东海
南海
日本海
太平洋
北回归线
南海诸岛
比例尺 1：5000万

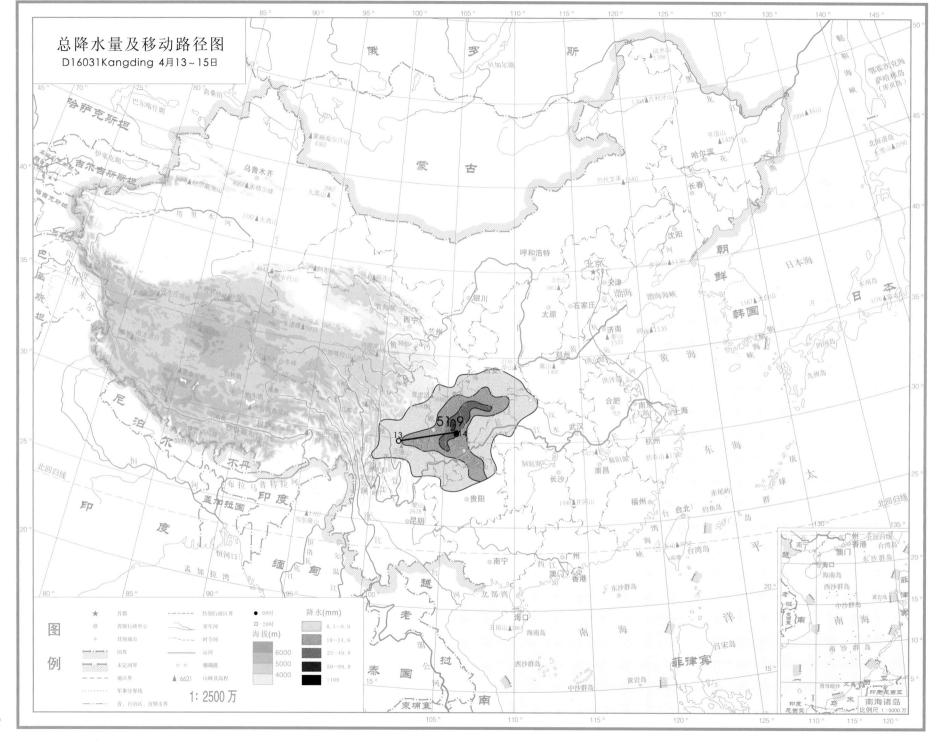

总降水量及移动路径图
D16031Kangding 4月13~15日

1 : 2500 万

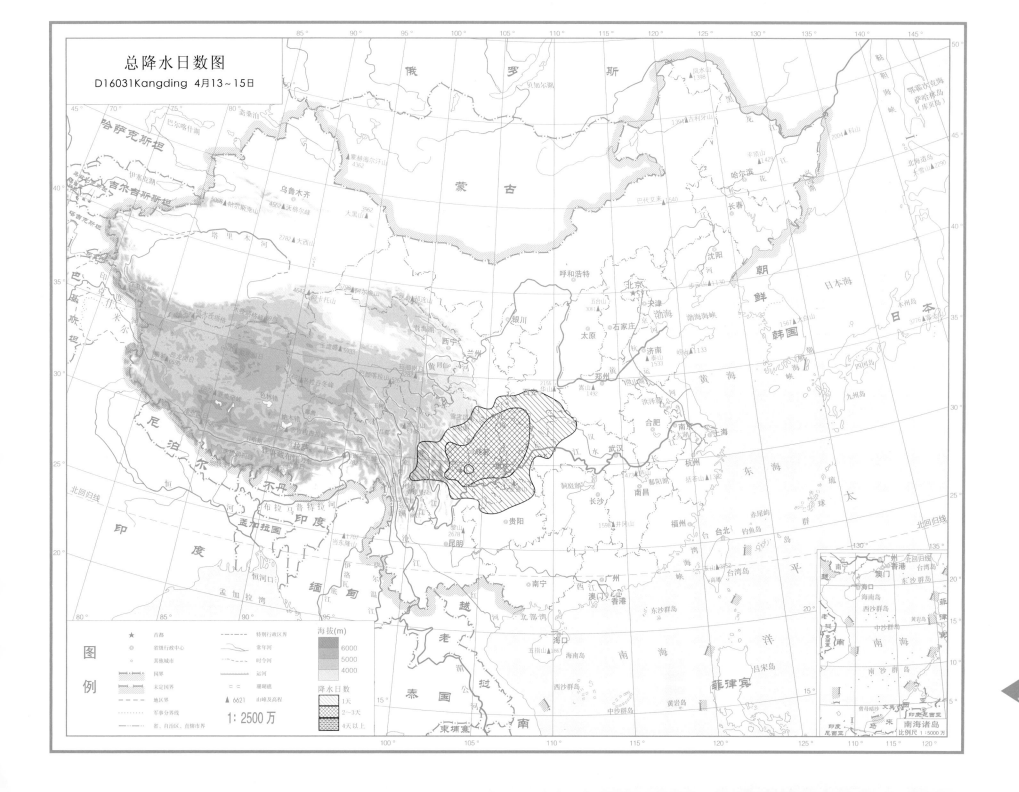

总降水日数图
D16031Kangding 4月13~15日

1:2500万

95

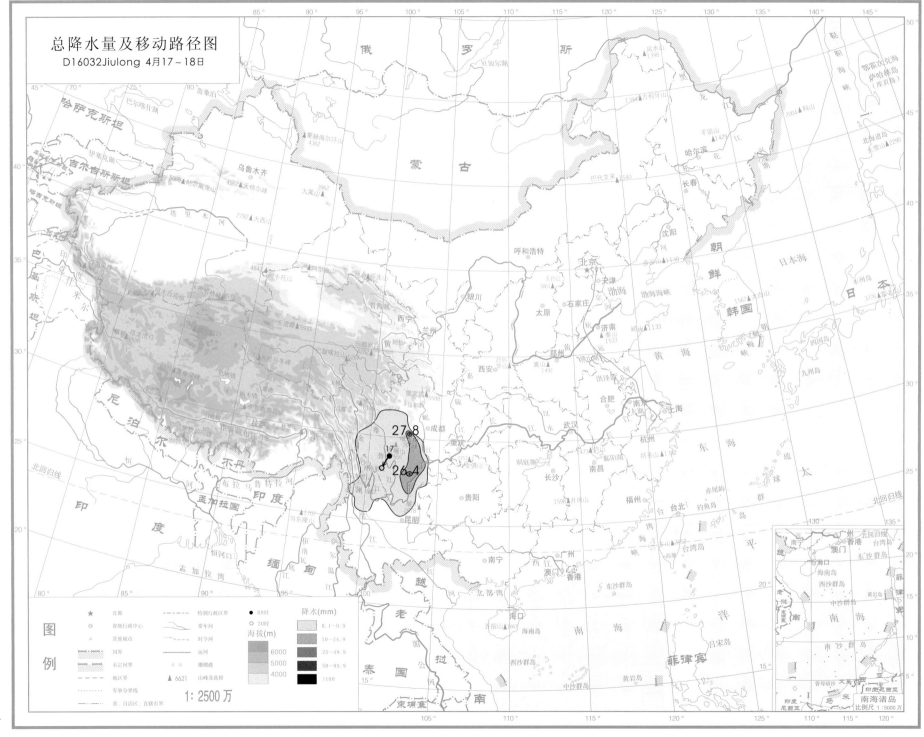

总降水量及移动路径图
D16032Jiulong 4月17~18日

总降水日数图

D16032Jiulong 4月17～18日

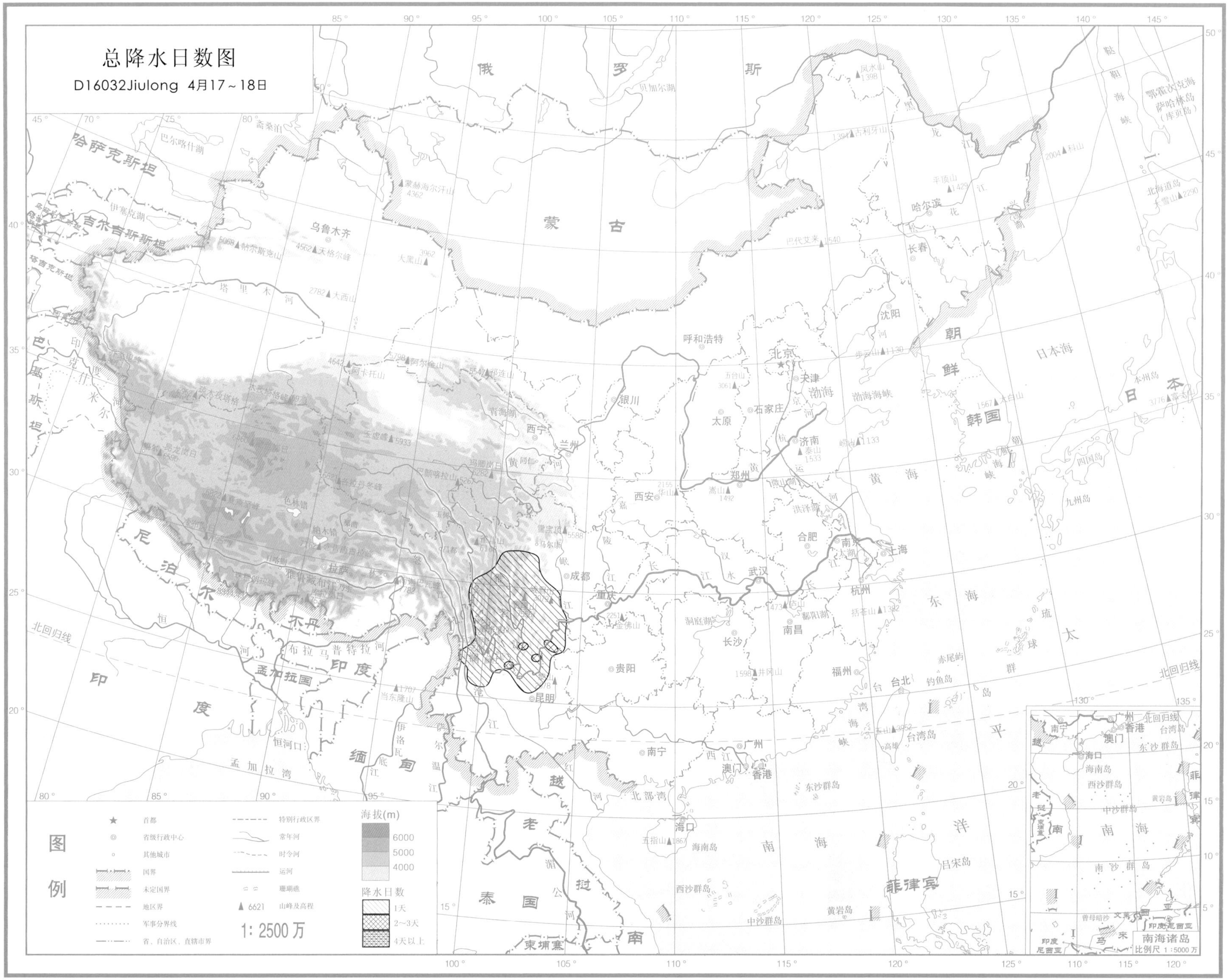

图例
首都
省级行政中心
其他城市
国界
未定国界
地区界
军事分界线
省、自治区、直辖市界
特别行政区界
常年河
时令河
运河
珊瑚礁
6621 山峰及高程
1: 2500万
海拔(m)
6000
5000
4000
降水日数
1天
2～3天
4天以上
俄罗斯
蒙古
哈萨克斯坦
吉尔吉斯斯坦
塔吉克斯坦
巴基斯坦
尼泊尔
不丹
孟加拉国
印度
缅甸
老挝
泰国
越南
柬埔寨
朝鲜
韩国
日本
菲律宾
北京
天津
石家庄
太原
呼和浩特
沈阳
长春
哈尔滨
济南
郑州
西安
银川
兰州
西宁
乌鲁木齐
拉萨
成都
重庆
贵阳
昆明
南宁
广州
香港
澳门
海口
长沙
武汉
南昌
合肥
南京
上海
杭州
福州
台北
渤海
黄海
东海
南海
日本海
太平洋
北回归线
南海诸岛
比例尺 1:5000万

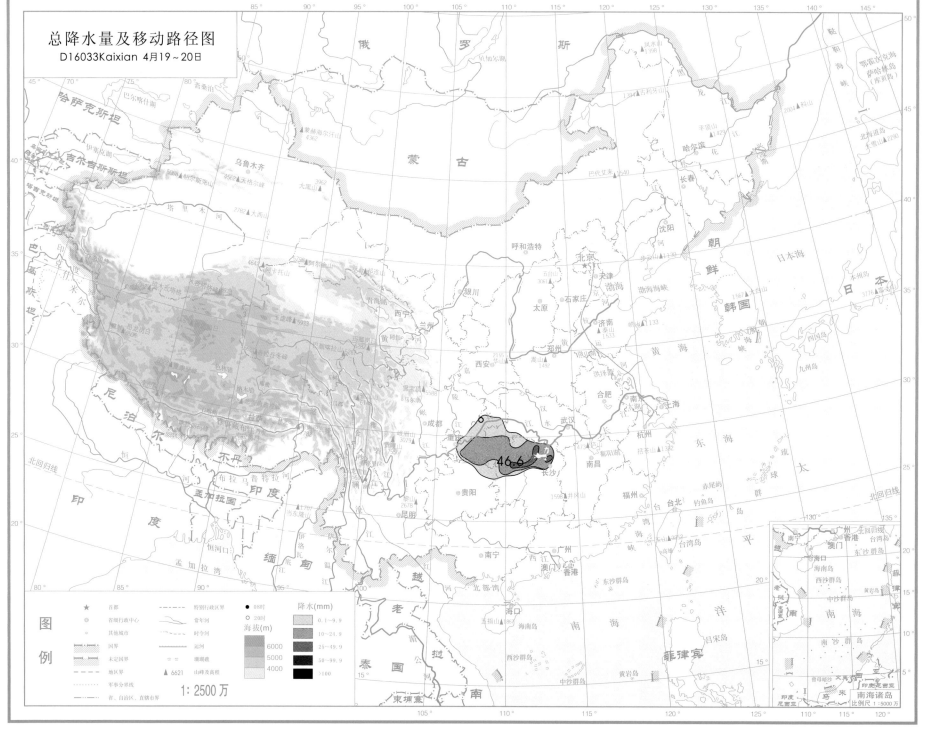

总降水量及移动路径图
D16033Kaixian 4月19~20日

总降水日数图

D16033Kaixian 4月19~20日

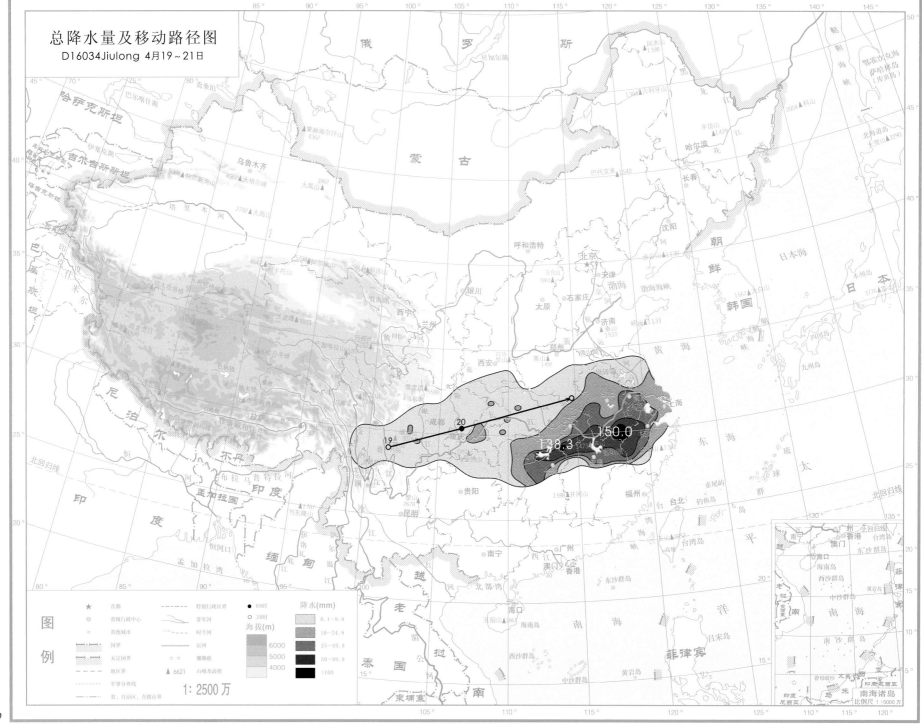

总降水量及移动路径图
D16034Jiulong 4月19~21日

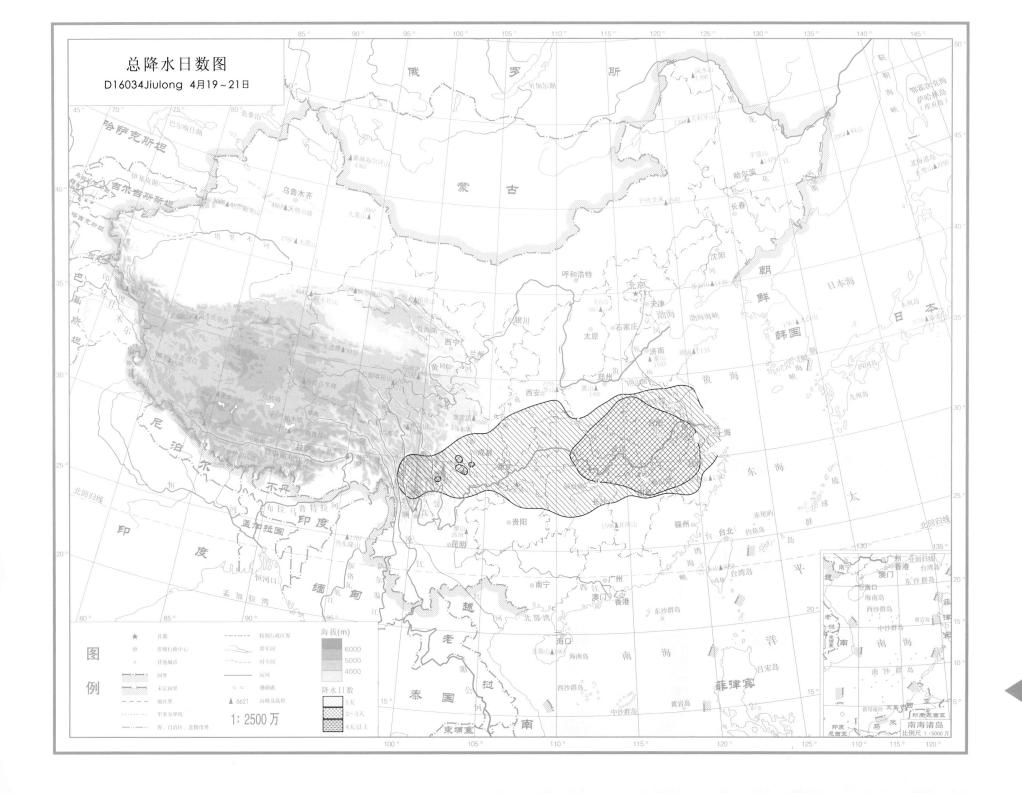

总降水日数图
D16034Jiulong 4月19~21日

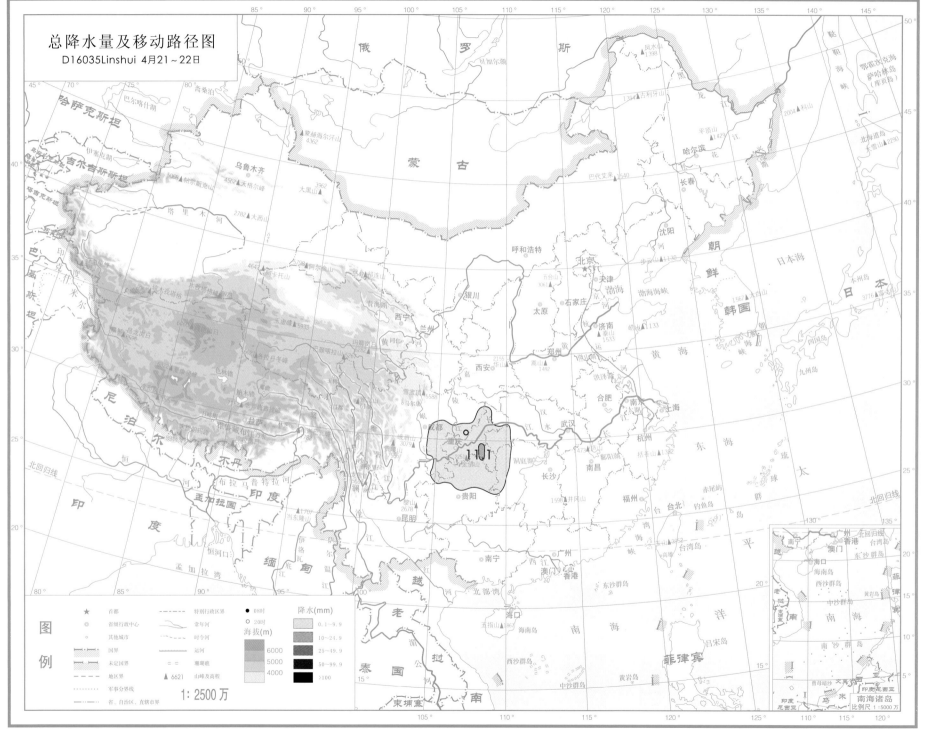

总降水量及移动路径图
D16035Linshui 4月21~22日

总降水日数图

D16035Linshui 4月21～22日

图例
首都
省级行政中心
其他城市
国界
未定国界
地区界
军事分界线
省、自治区、直辖市界
特别行政区界
常年河
时令河
运河
珊瑚礁
6621 山峰及高程
1:2500万
海拔(m)
6000
5000
4000
降水日数
1天
2～3天
4天以上
俄
罗
斯
蒙
古
哈萨克斯坦
吉尔吉斯斯坦
塔吉克斯坦
巴基斯坦
印
度
尼泊尔
不丹
孟加拉国
缅甸
老
挝
越
南
泰国
柬埔寨
菲律宾
朝
鲜
韩国
日
本
北京
天津
石家庄
太原
呼和浩特
沈阳
长春
哈尔滨
济南
郑州
西安
银川
兰州
西宁
乌鲁木齐
拉萨
成都
重庆
贵阳
昆明
南宁
广州
澳门
香港
海口
长沙
武汉
南昌
合肥
南京
上海
杭州
福州
台北
渤海
黄海
东海
南海
日本海
太平洋
南海诸岛
比例尺 1:5000万

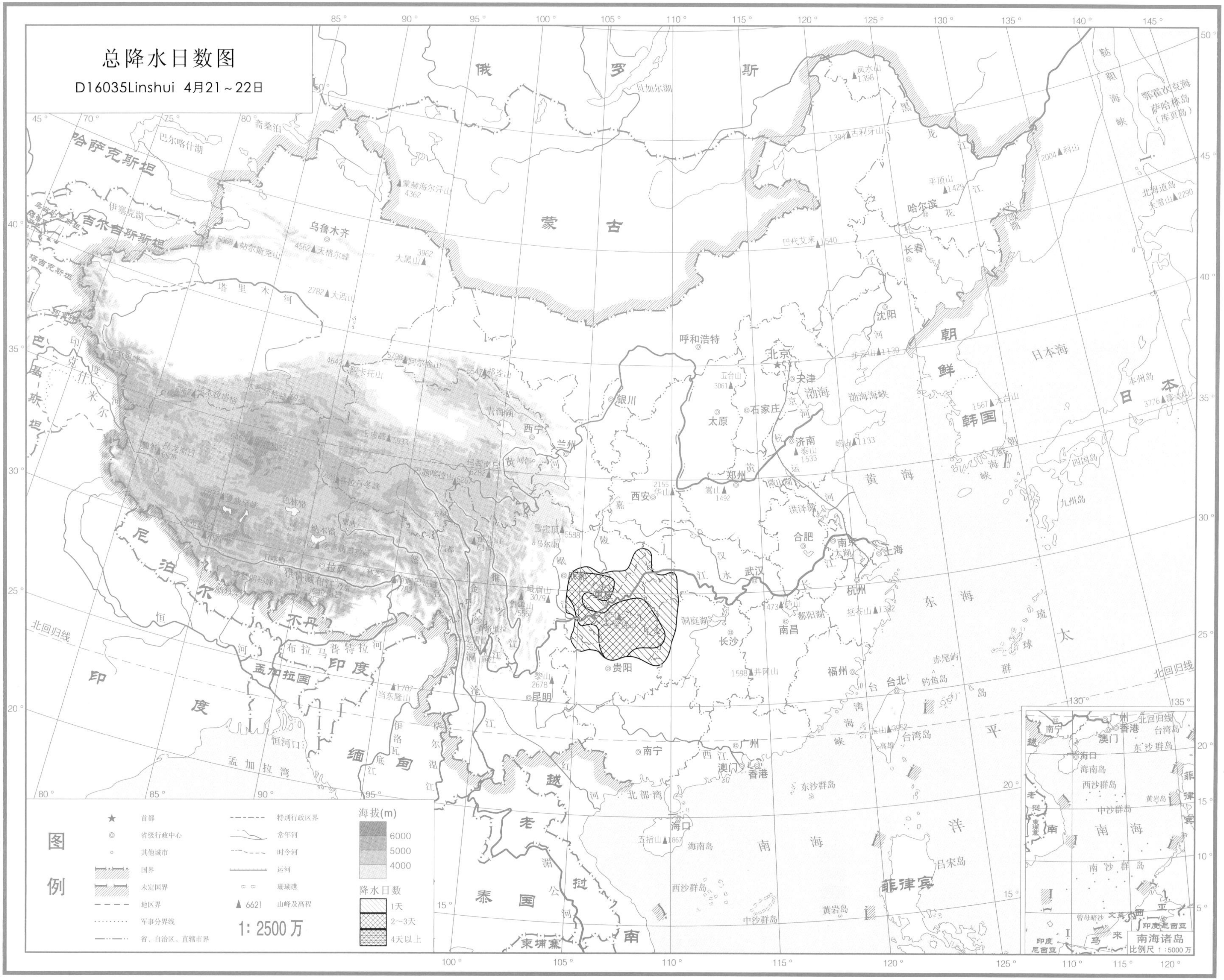

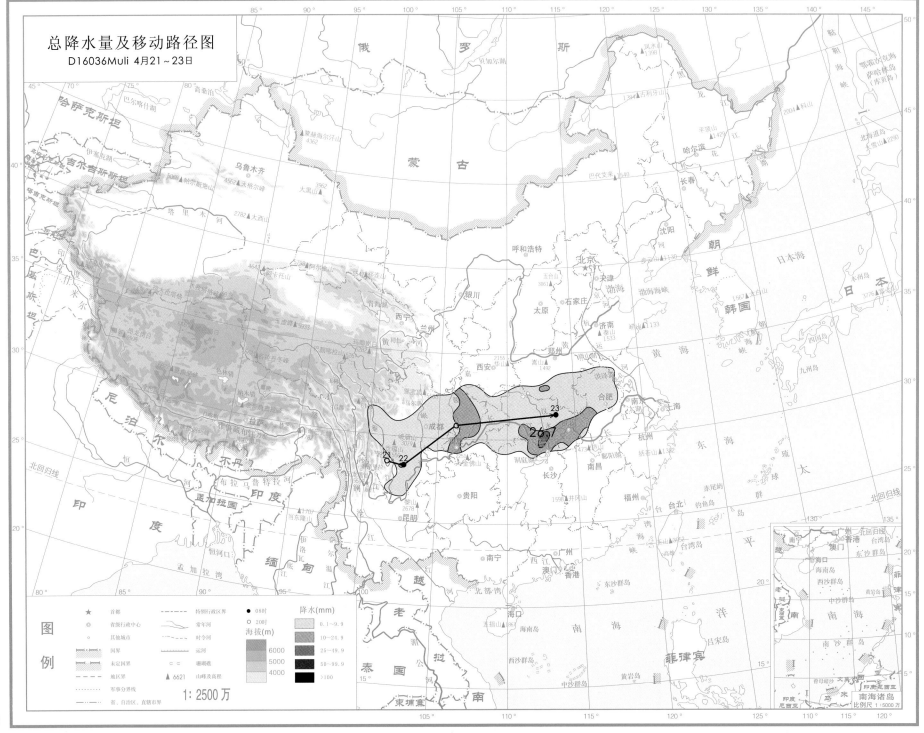

总降水量及移动路径图
D16036Muli 4月21~23日

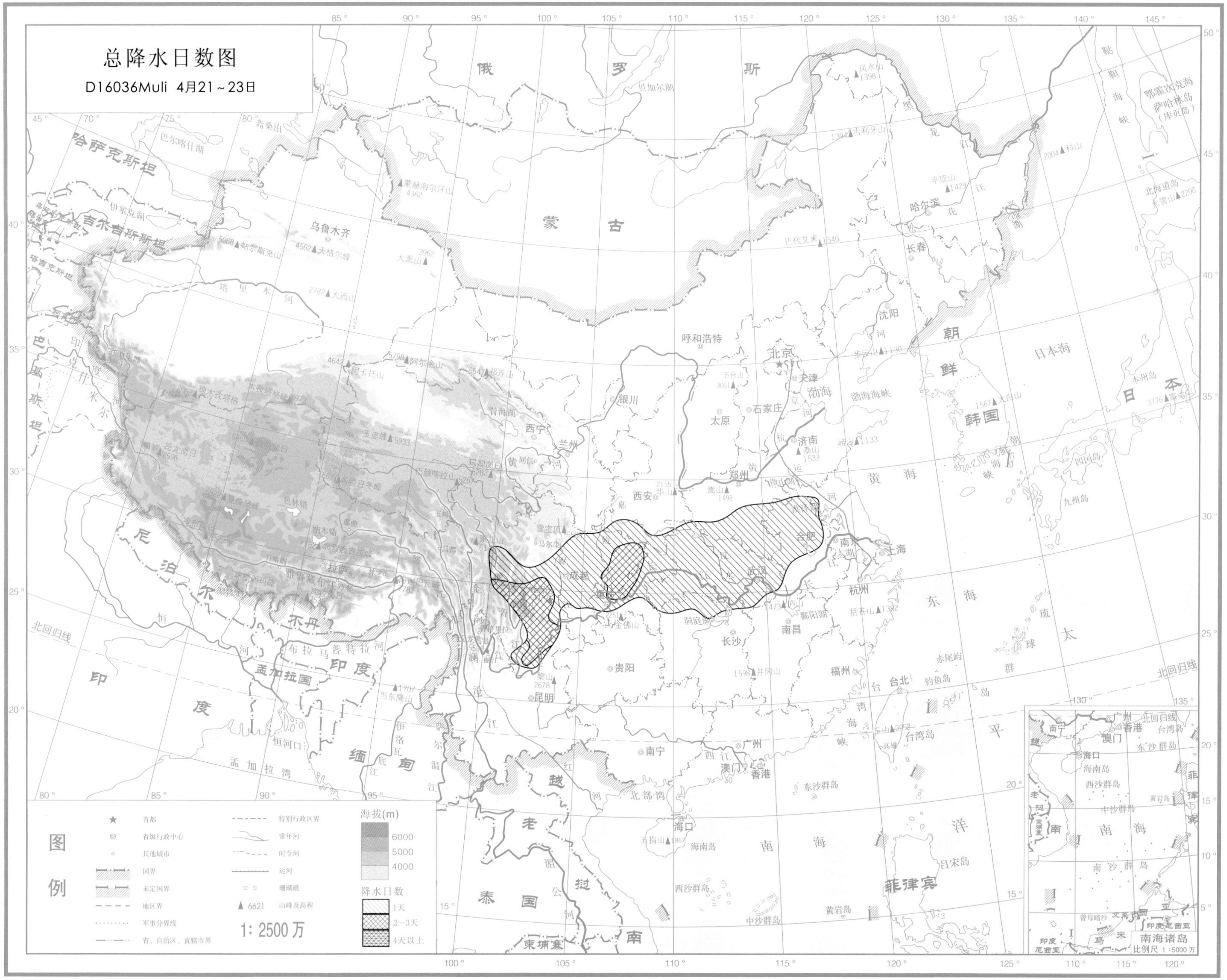

俄 罗 斯

蒙 古

哈萨克斯坦

吉尔吉斯斯坦

乌鲁木齐

朝 鲜

韩 国

北京

日 本

图
例

首都

省级行政中心

其他城市

国界

未定国界

地区界

军事分界线

省、自治区、直辖市界

特别行政区界

常年河

时令河

运河

疆期盛

▲ 6621 山峰及高程

1：2500 万

海拔(m)

6000

5000

4000

降水日数

1天

2～3天

4天以上

南海诸岛
比例尺 1：5000 万

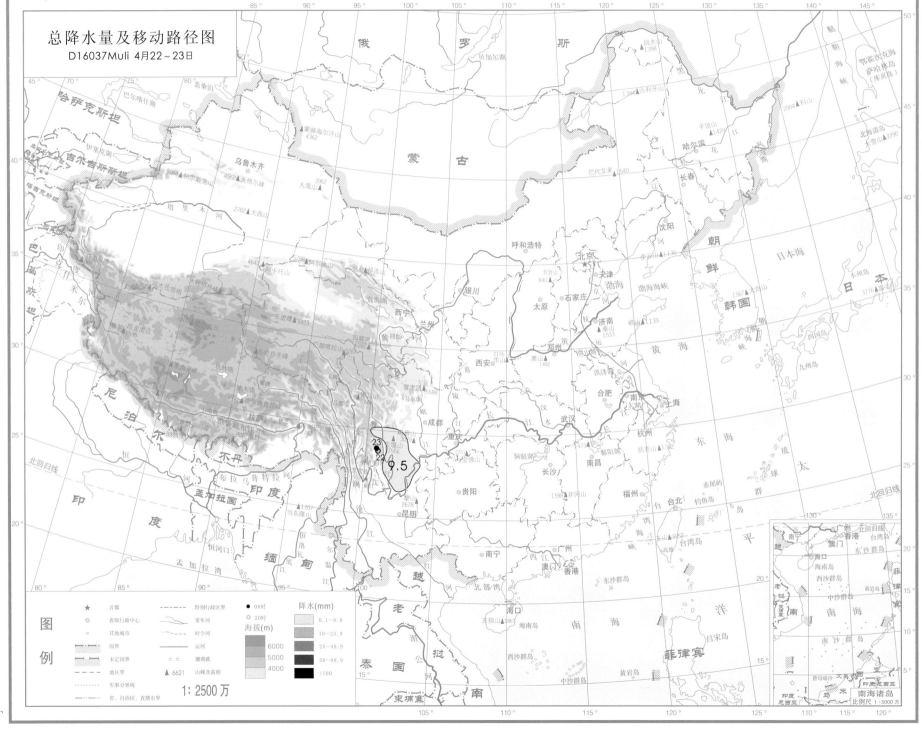

総降水量及移动路径图
D16037Muli 4月22～23日

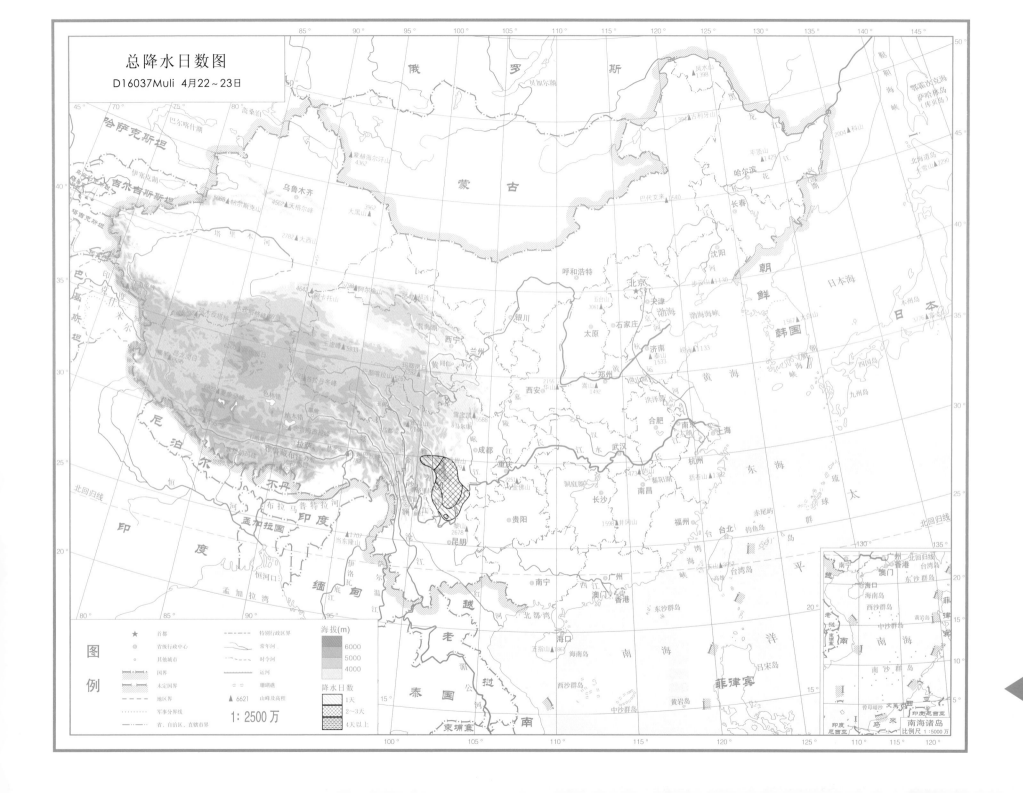

总降水日数图

D16037Muli 4月22～23日

图例

★ 首都
◎ 省级行政中心
○ 其他城市
国界
未定国界
地区界
军事分界线
省、自治区、直辖市界

特别行政区界
常年河
时令河
运河
珊瑚礁
▲ 6621 山峰及高程

海拔(m)
6000
5000
4000

降水日数
1天
2～3天
4天以上

1:2500万

南海诸岛
比例尺 1:5000万

107

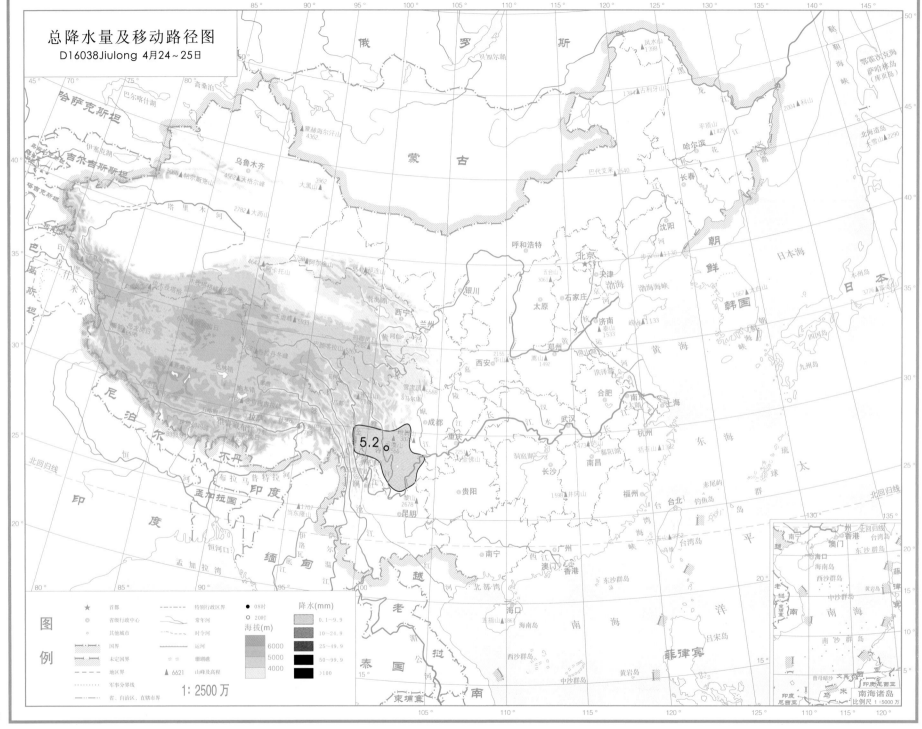

总降水量及移动路径图
D16038Jiulong 4月24~25日

5.2

图例

★ 首都
◎ 省级行政中心
○ 其他城市
国界
未定国界
地区界
军事分界线
省、自治区、直辖市界

特别行政区界
常年河
时令河
运河
珊瑚礁
▲ 6621 山峰及高程

● 08时
○ 20时

降水(mm)
0.1~9.9
10~24.9
25~49.9
50~99.9
>100

海拔(m)
6000
5000
4000

1:2500万

南海诸岛
比例尺 1:5000万

总降水日数图
D16038Jiulong 4月24~25日

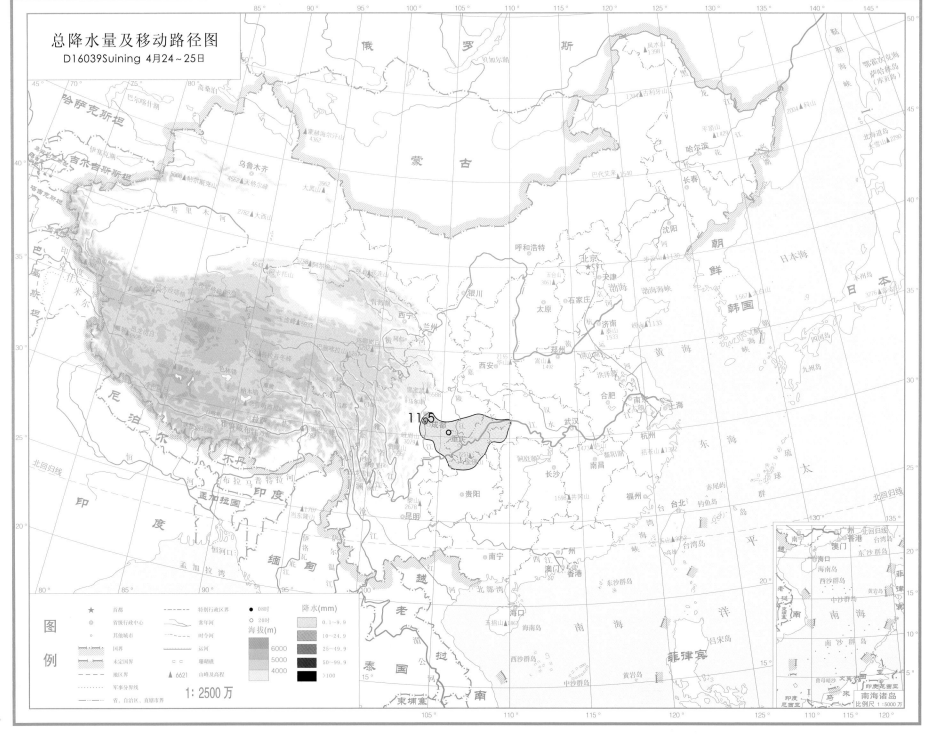

总降水日数图
D16039Suining 4月24~25日

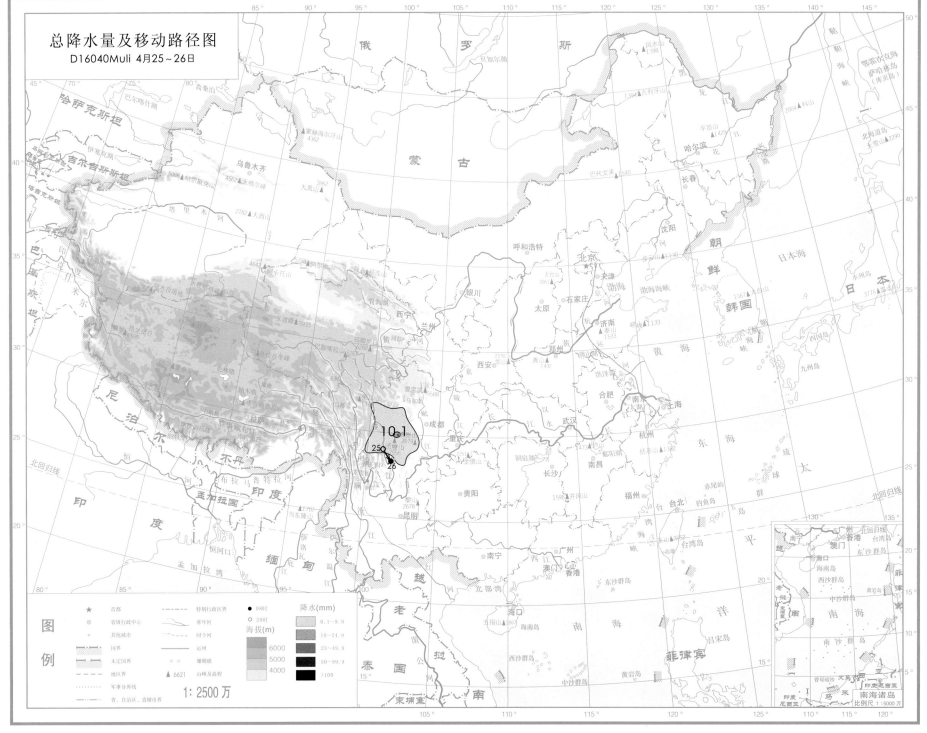

总降水量及移动路径图
D16040Muli 4月25~26日

总降水日数图

D16040Muli 4月25～26日

1:2500万

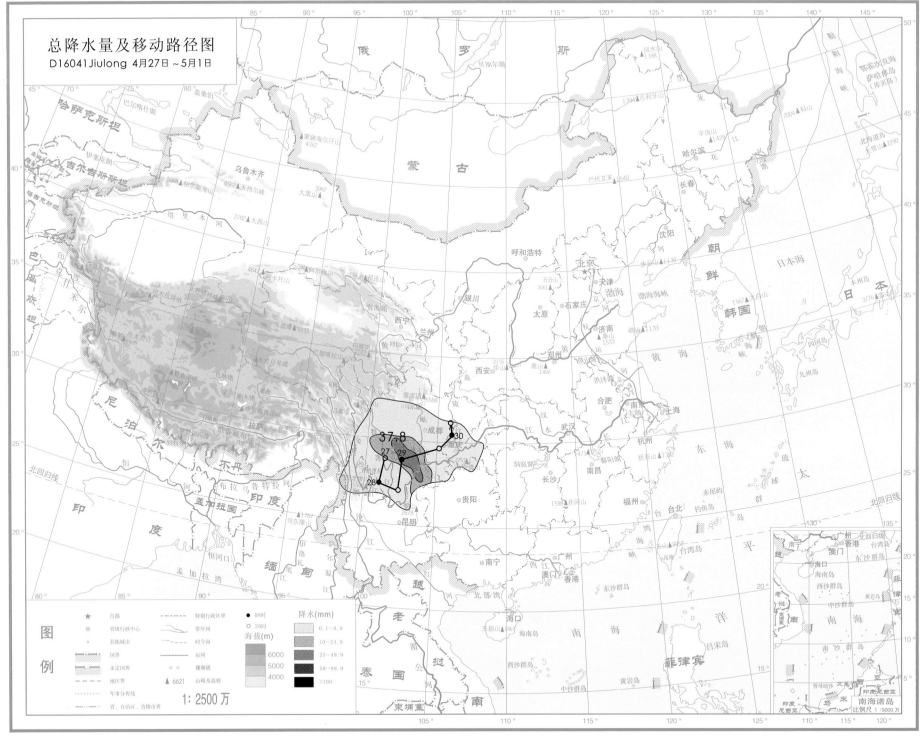

总降水量及移动路径图
D16041Jiulong 4月27日~5月1日

总降水日数图
D16041Jiulong 4月27日~5月1日

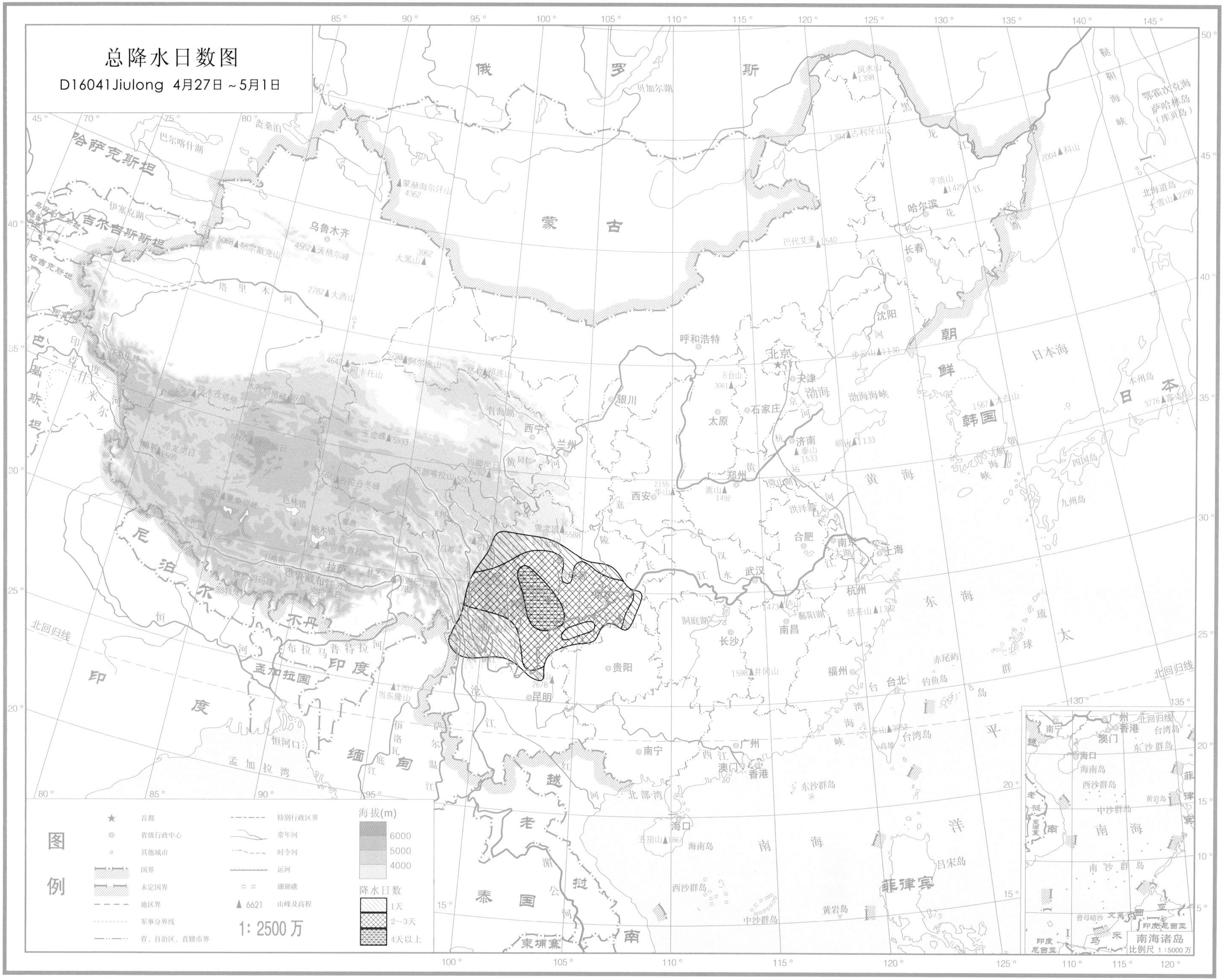

图例

★	首都	
◎	省级行政中心	
○	其他城市	

国界
未定国界
地区界
军事分界线
省、自治区、直辖市界
特别行政区界
常年河
时令河
运河
遥明礁
▲6621 山峰及高程

海拔(m)
6000
5000
4000

降水日数
1天
2~3天
4天以上

1:2500万

南海诸岛
比例尺 1:5000万

哈萨克斯坦 吉尔吉斯斯坦 塔吉克斯坦 巴基斯坦 印度 尼泊尔 不丹 孟加拉国 缅甸 泰国 老挝 越南 柬埔寨

俄罗斯 蒙古 朝鲜 韩国 日本 菲律宾

乌鲁木齐 呼和浩特 北京 沈阳 哈尔滨 长春 天津 银川 太原 石家庄 济南 西宁 兰州 西安 郑州 合肥 南京 上海 武汉 杭州 长沙 南昌 福州 台北 贵阳 昆明 南宁 广州 海口

巴尔喀什湖 贝加尔湖 渤海 黄海 东海 南海 日本海 孟加拉湾

北回归线

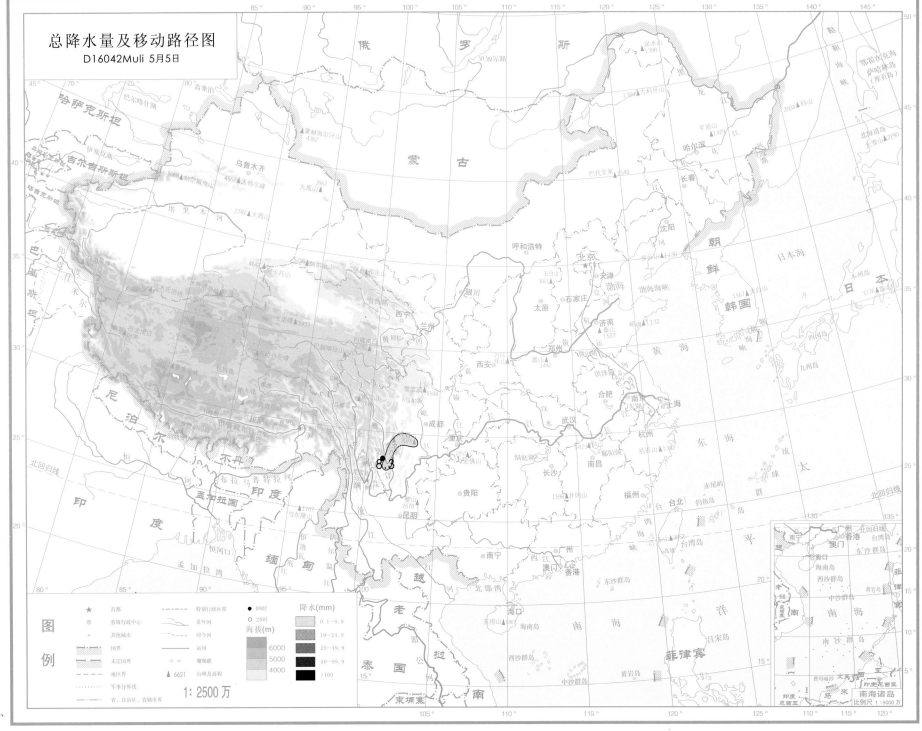

总降水量及移动路径图
D16042Muli 5月5日

图例

★	首都	
◎	省级行政中心	
◦	其他城市	
	国界	
	未定国界	
	地区界	
	军事分界线	
	省、自治区、直辖市界	

特别行政区界
常年河
时令河
运河
珊瑚礁
▲ 6621 山峰及高程

● 08时
○ 20时

降水(mm)
0.1~9.9
10~24.9
25~49.9
50~99.9
>100

海拔(m)
6000
5000
4000

1:2500万

南海诸岛
比例尺 1:5000万

总降水日数图
D16042Muli 5月5日

1:2500万

图例

★ 首都
◎ 省级行政中心
○ 其他城市
国界
未定国界
地区界
军事分界线
省、自治区、直辖市界
特别行政区界
常年河
时令河
运河
珊瑚礁
▲6621 山峰及高程

海拔(m)
6000
4000

降水日数
1天
2~3天
4天以上

南海诸岛 比例尺 1:5000万

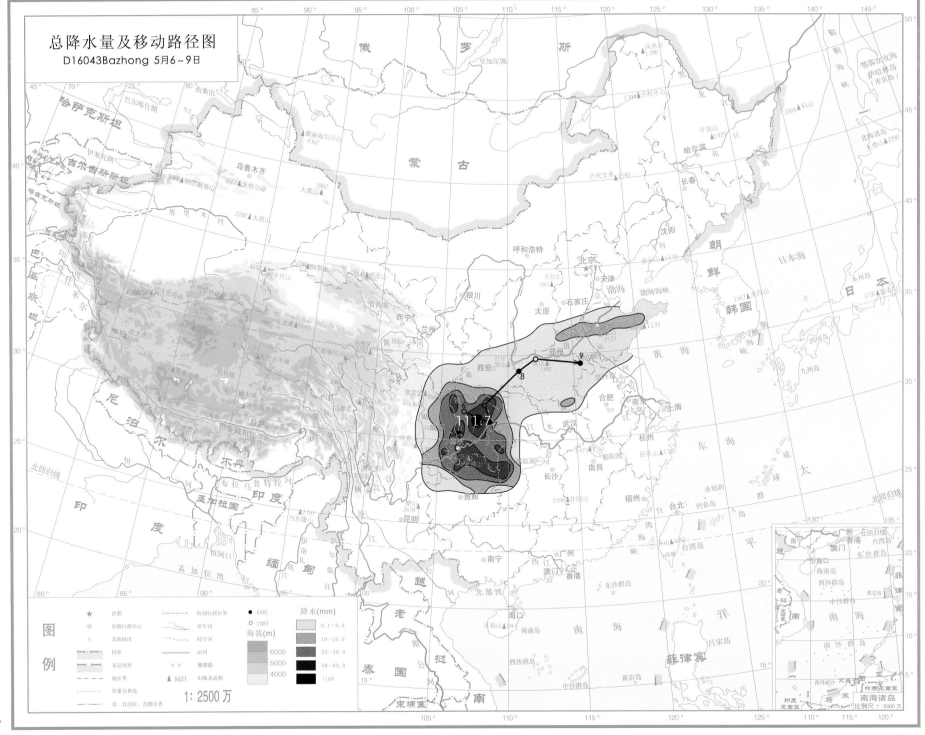

总降水量及移动路径图
D16043Bazhong 5月6～9日

总降水日数图
D16043Bazhong 5月6~9日

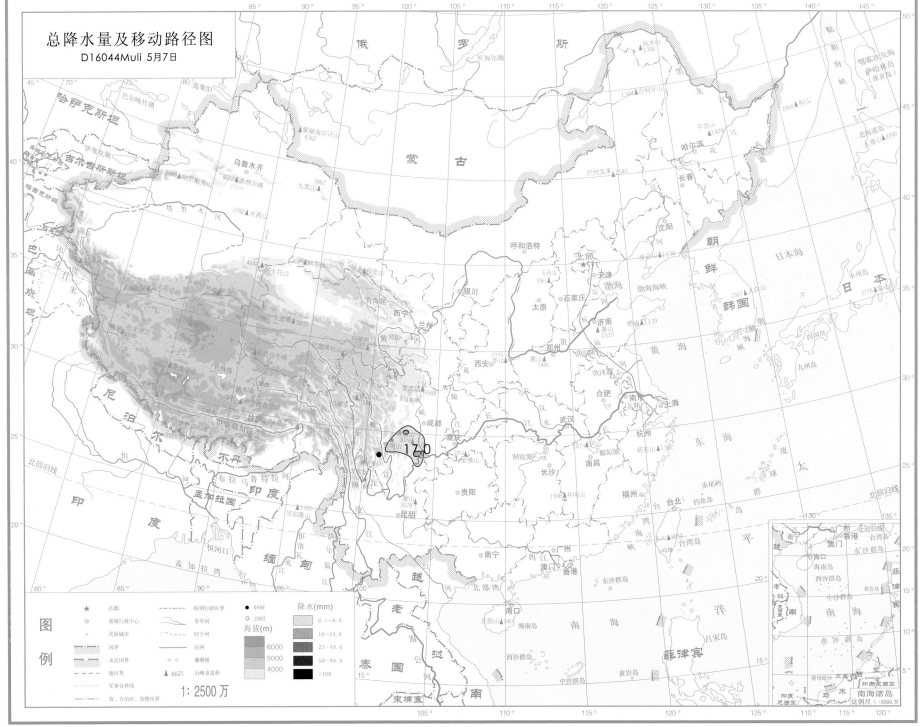

总降水量及移动路径图
D16044Muli 5月7日

总降水日数图

D16044Muli 5月7日

121

南海诸岛
比例尺 1:5000万

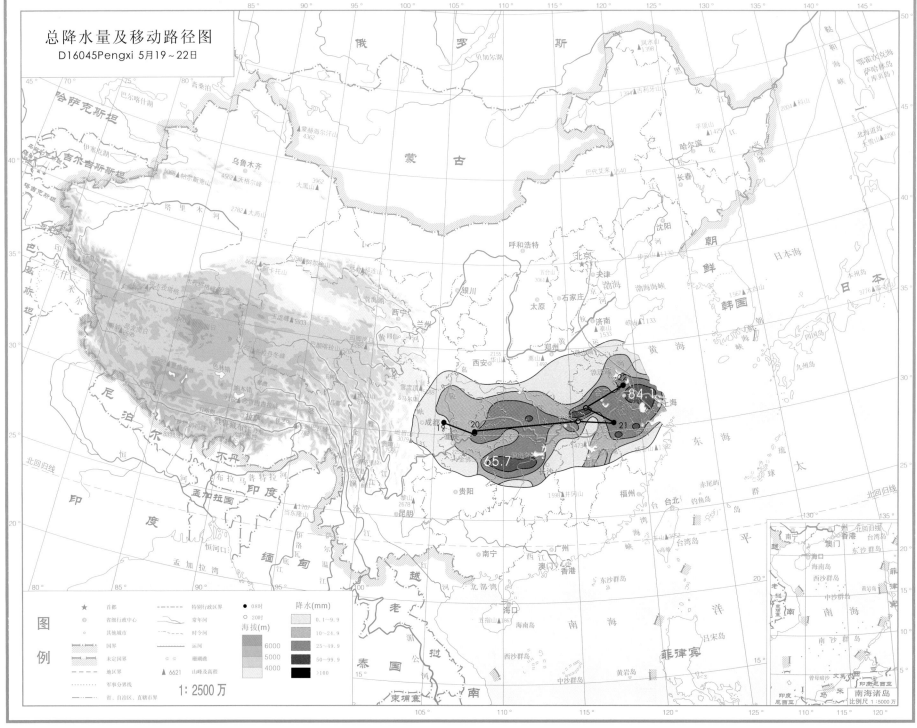

总降水量及移动路径图
D16045Pengxi 5月19~22日

图
例

| 星 | 首都 | | 特别行政区界 | 海拔(m) |
| ◎ | 省级行政中心 | | 常年河 | |

★ 首都
◎ 省级行政中心
◦ 其他城市

特别行政区界
常年河
时令河
运河
塘湖道

国界
未定国界
地区界
军事分界线
省、自治区、直辖市界

▲ 6621 山峰及高程

海拔(m)
6000
5000
4000

降水日数
1天
2~3天
4天以上

1: 2500 万

南海诸岛
比例尺 1:5000万

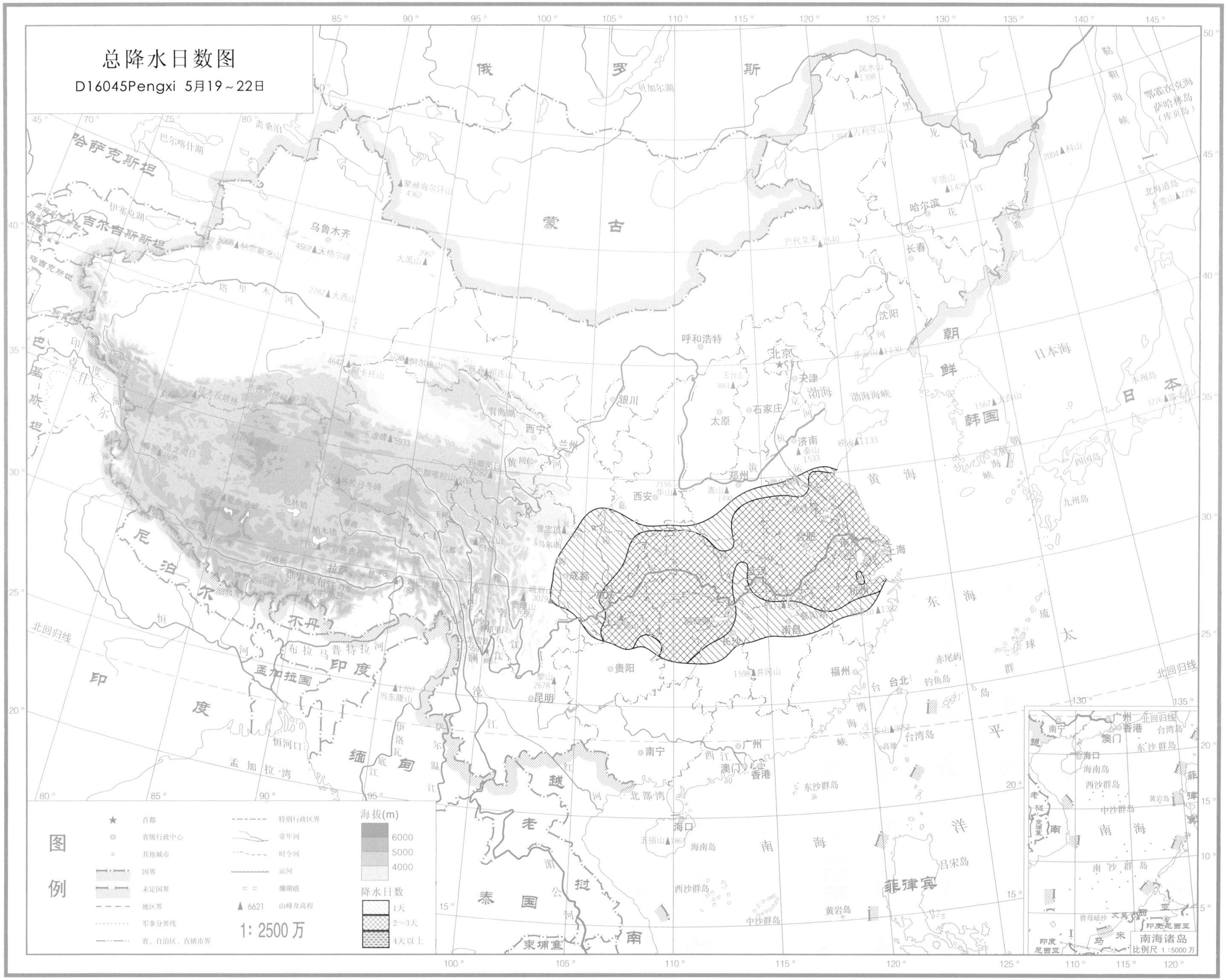

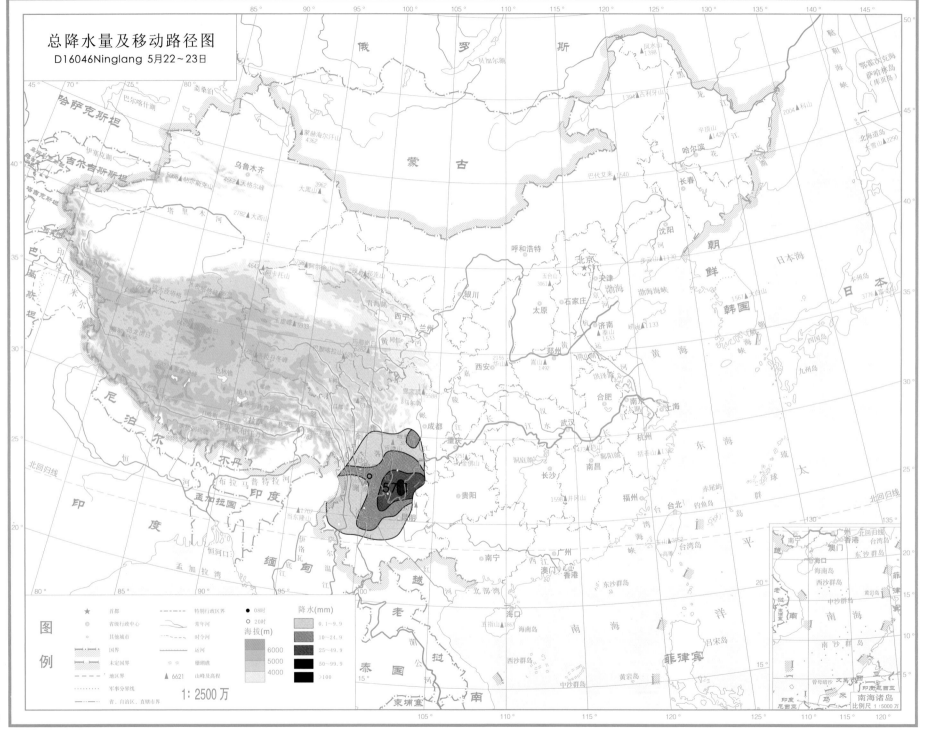

总降水量及移动路径图
D16046Ninglang 5月22~23日

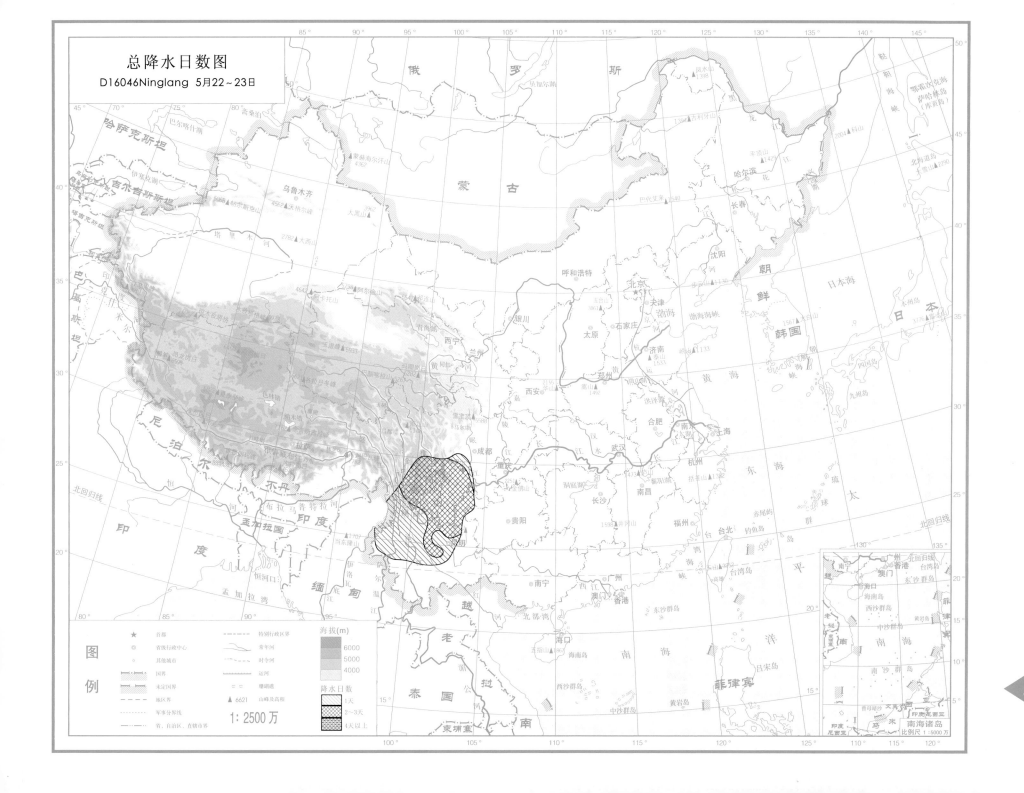

总降水日数图
D16046Ninglang 5月22~23日

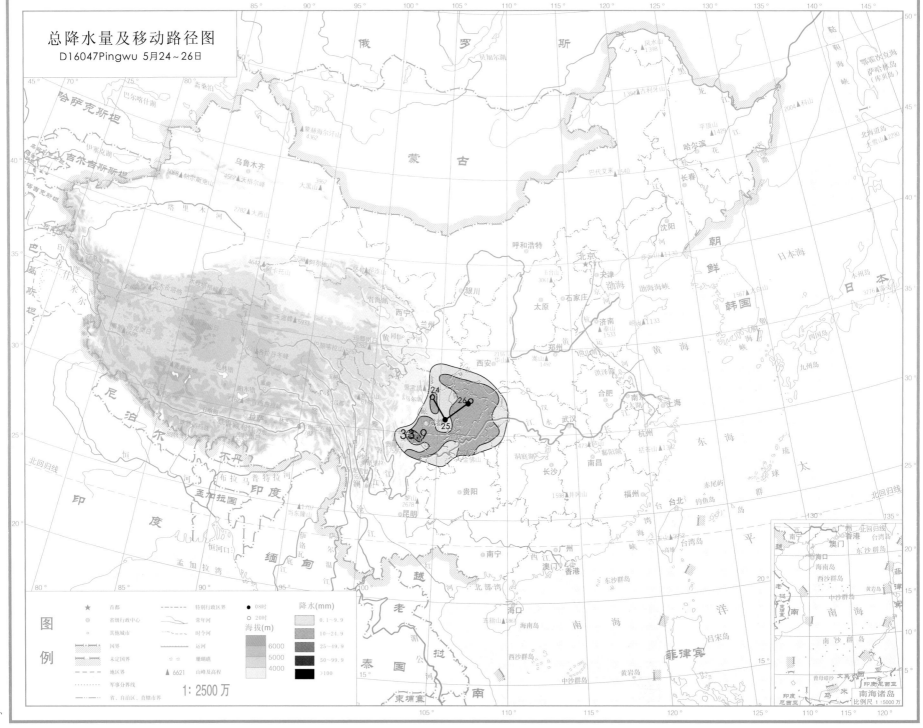

总降水量及移动路径图
D16047Pingwu 5月24~26日

总降水日数图
D16047Pingwu 5月24~26日

1:2500万

127

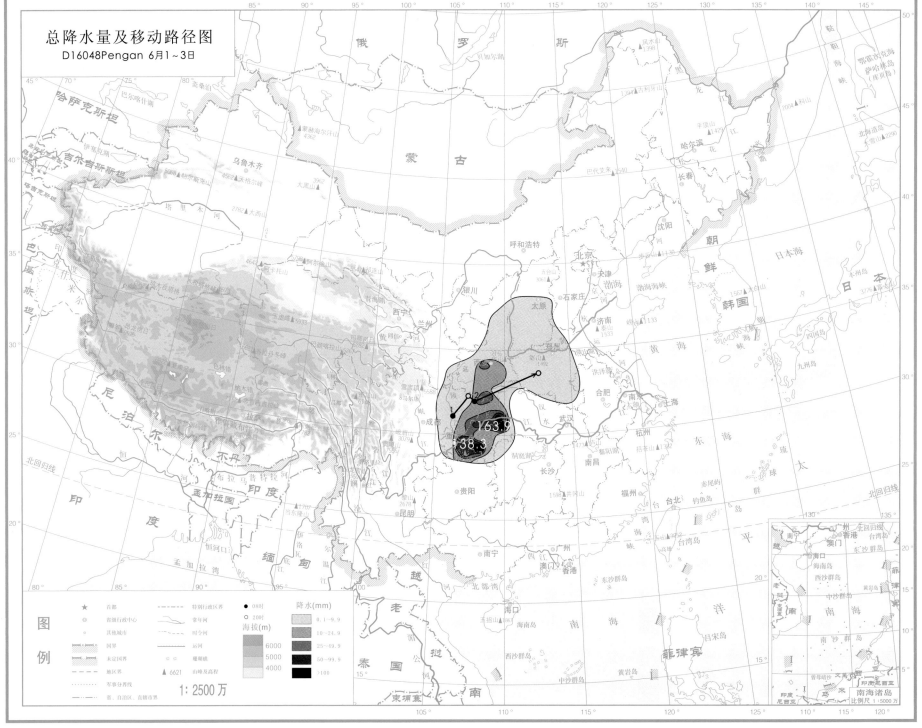

总降水量及移动路径图
D16048Pengan 6月1~3日

163.9
138.3

总降水日数图

D16048Pengan 6月1～3日

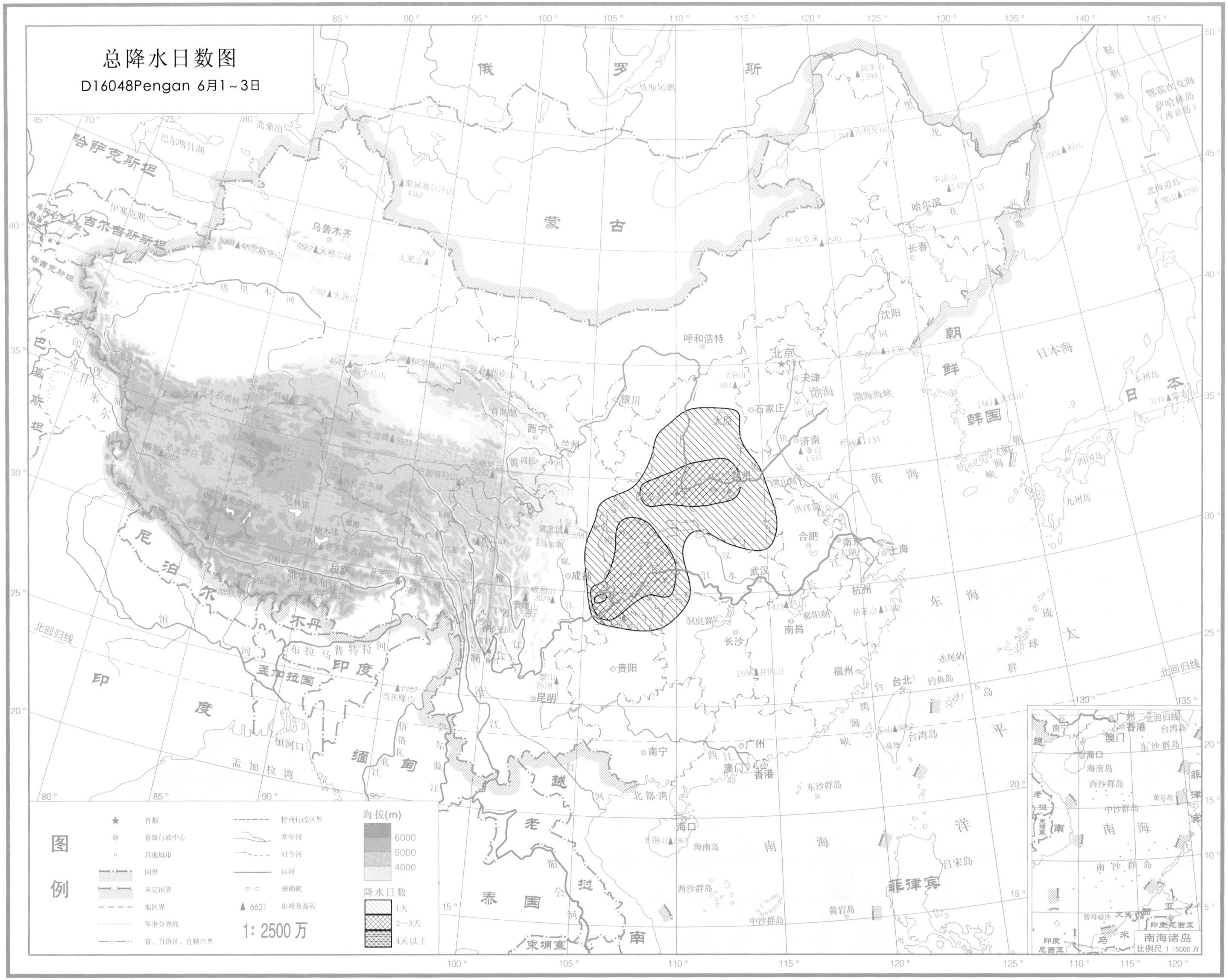

图例

★	首都
◎	省级行政中心
○	其他城市
	国界
	未定国界
	地区界
	军事分界线
	省、自治区、直辖市界
	特别行政区界
	常年河
	时令河
	运河
	珊瑚礁
▲ 6621	山峰及高程

海拔(m)

6000
5000
4000

降水日数

1天
2～3天
4天以上

1：2500万

南海诸岛
比例尺 1：5000万

总降水量及移动路径图
D16049Jiulong 6月2~3日

总降水日数图
D16049 Jiulong 6月2~3日

图例

★ 首都
◎ 省级行政中心
◦ 其他城市
国界
未定国界
地区界
军事分界线
省、自治区、直辖市界

特别行政区界
常年河
时令河
运河
珊瑚礁
▲6621 山峰及高程

海拔(m)
6000
5000
4000

降水日数
1天
2~3天
4天以上

1:2500万

南海诸岛
比例尺 1:5000万

131

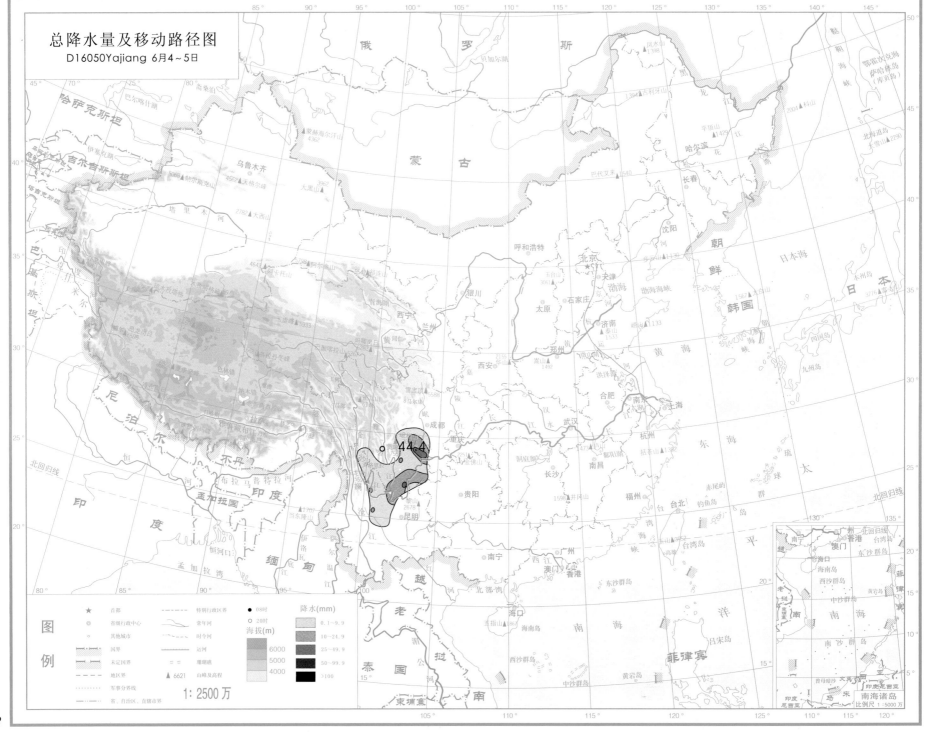

总降水量及移动路径图
D16050Yajiang 6月4~5日

图例

★	首都	
◎	省级行政中心	
○	其他城市	

特别行政区界
常年河
时令河
国界
未定国界
地区界
军事分界线
省、自治区、直辖市界
运河
珊瑚礁
▲ 6621 山峰及高程

● 08时
○ 20时

降水(mm)
海拔(m)

0.1~9.9
10~24.9
25~49.9
50~99.9
>100

6000
5000
4000

1: 2500万

南海诸岛
比例尺 1: 5000万

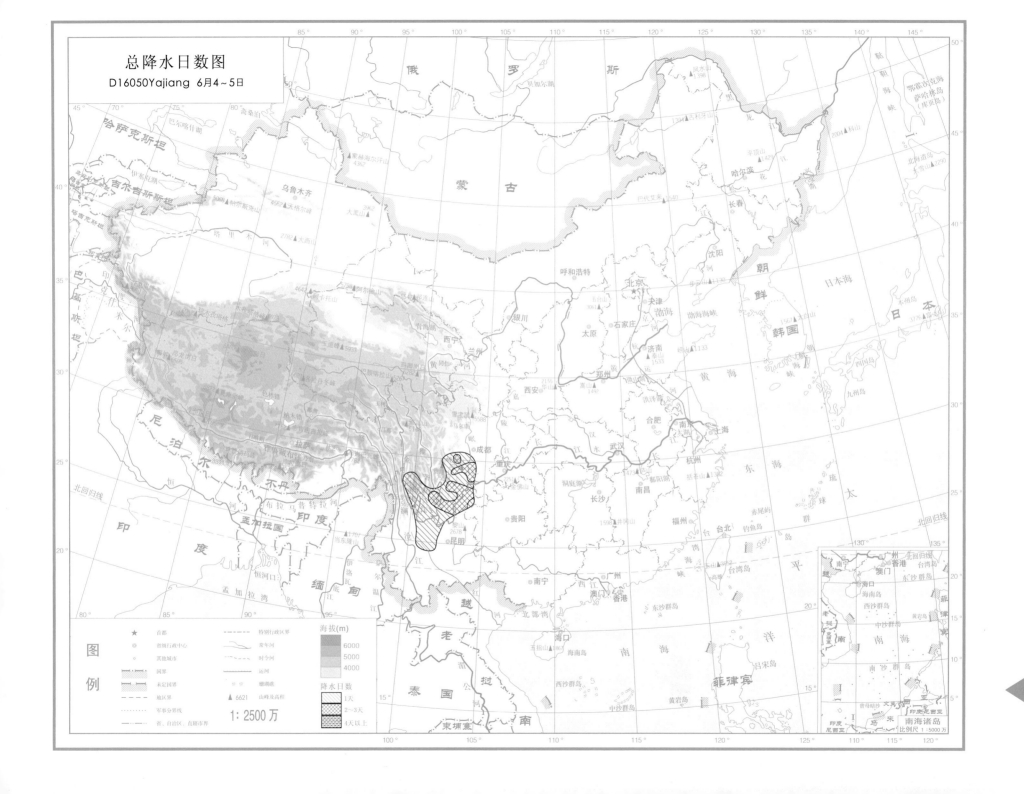

总降水日数图
D16050Yajiang 6月4~5日

1:2500万

183

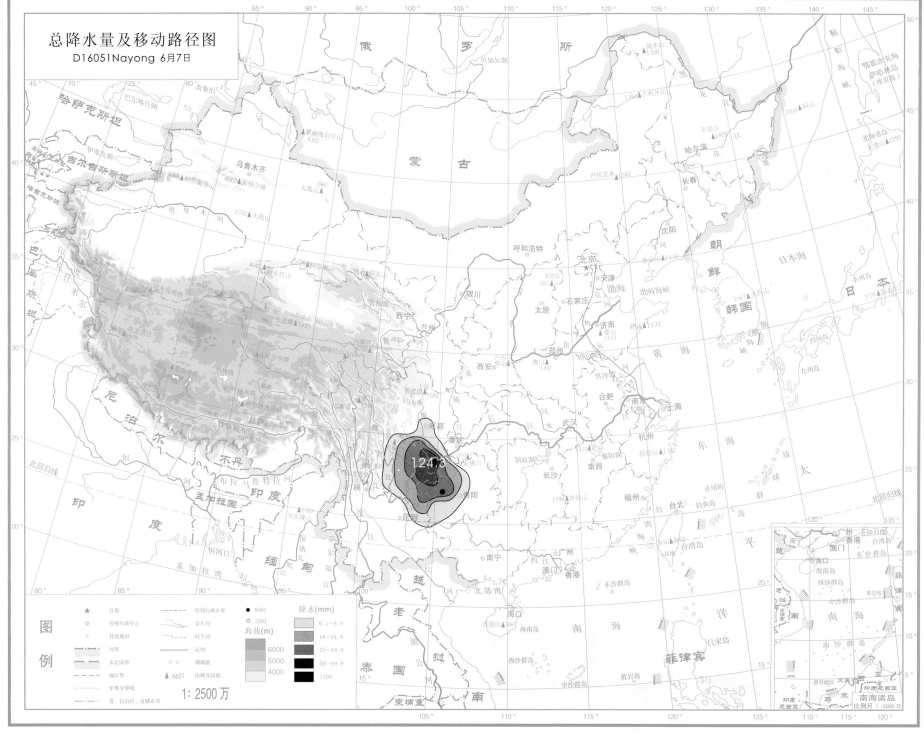

总降水量及移动路径图
D16051Nayong 6月7日

124.3

图例

★ 首都
◎ 省级行政中心
○ 其他城市
国界
未定国界
地区界
军事分界线
省、自治区、直辖市界

特别行政区界
常年河
时令河
运河
珊瑚礁
▲6621 山峰及高程

● 08时
○ 20时

降水(mm)
0.1～9.9
10～24.9
25～49.9
50～99.9
>100

海拔(m)
6000
5000
4000

1:2500万

南海诸岛
比例尺 1:5000万

图例

图例		
★	首都	
◎	省级行政区中心	
○	其他城市	

国界
未定国界
地区界
军事分界线
省、自治区、直辖市界

特别行政区界
常年河
时令河
运河
珊瑚礁
▲6621 山峰及高程

海拔(m)
6000
5000
4000

降水日数
1天
2～3天
4天以上

1：2500 万

南海诸岛
比例尺 1：5000 万

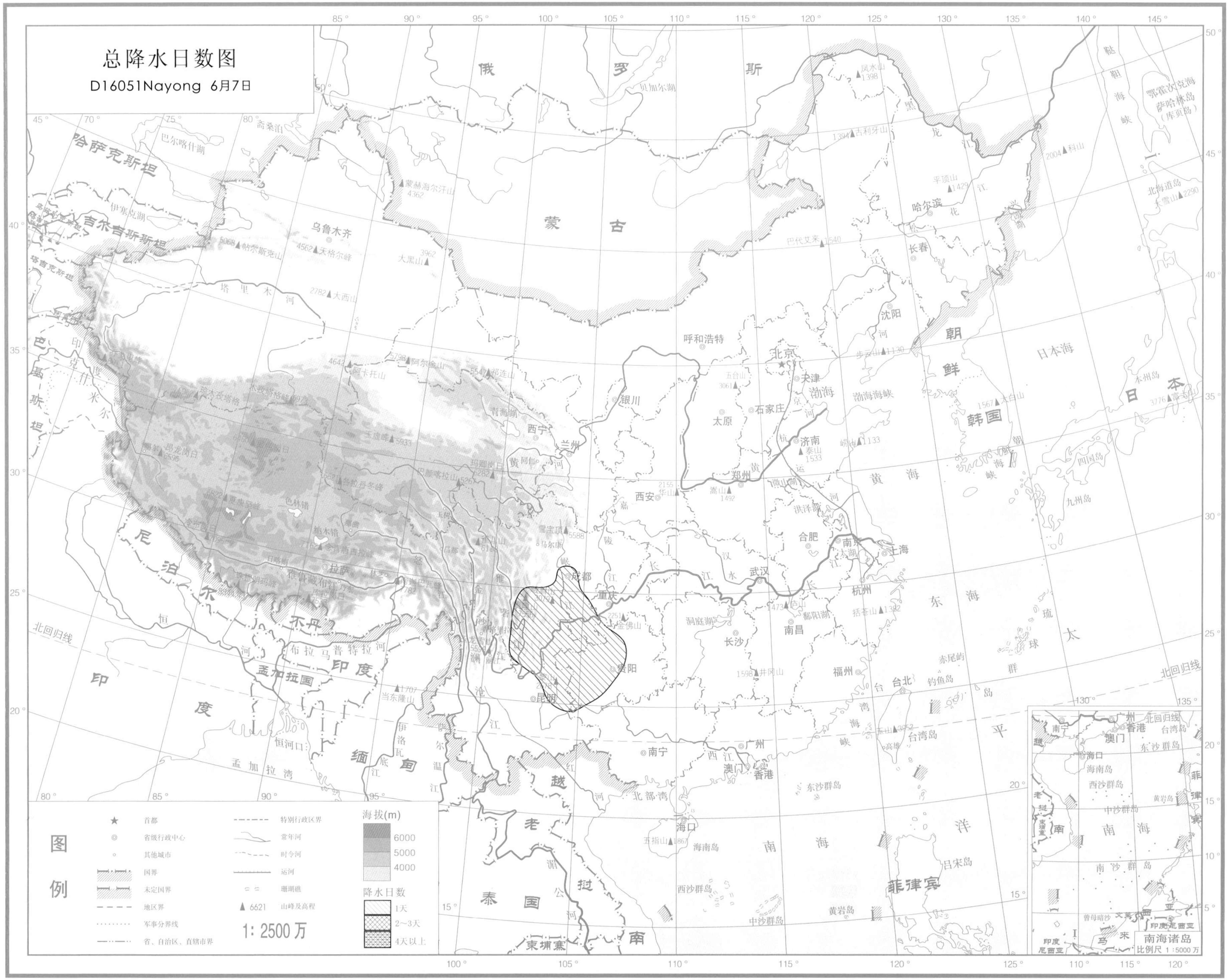

总降水量及移动路径图
D16052Yajiang 6月8日

1:2500万

总降水日数图

D16052Yajiang 6月8日

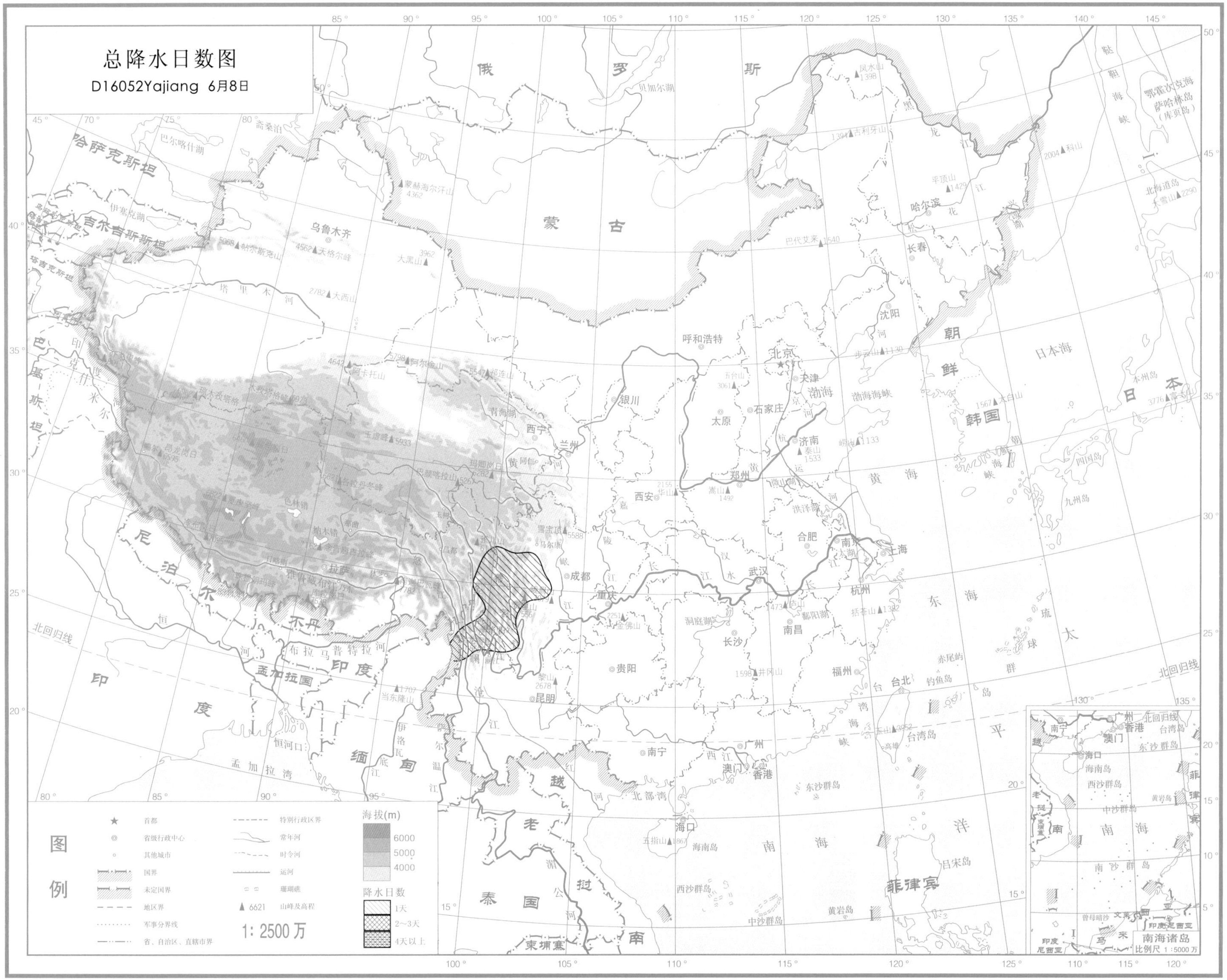

图例

★	首都	----	特别行政区界
◎	省级行政中心		常年河
○	其他城市		时令河
	国界	==	运河
	未定国界	▲ 6621	山峰及高程
	地区界		
	军事分界线		
	省、自治区、直辖市界		

1: 2500 万

海拔(m)

6000
5000
4000

降水日数

1天
2~3天
4天以上

南海诸岛
比例尺 1:5000万

137

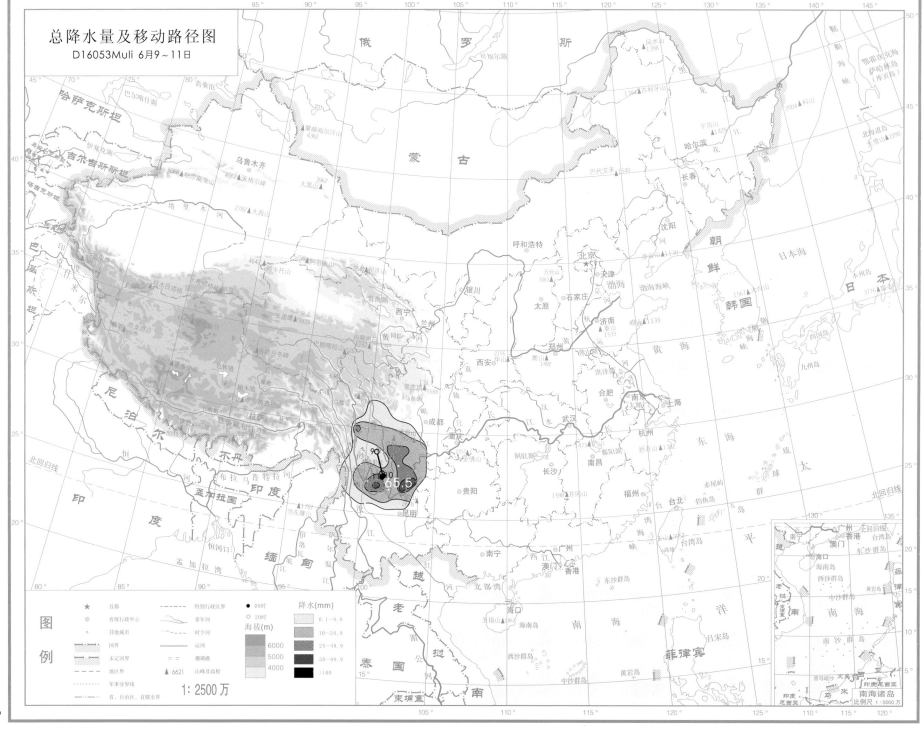

总降水量及移动路径图
D16053Muli 6月9～11日

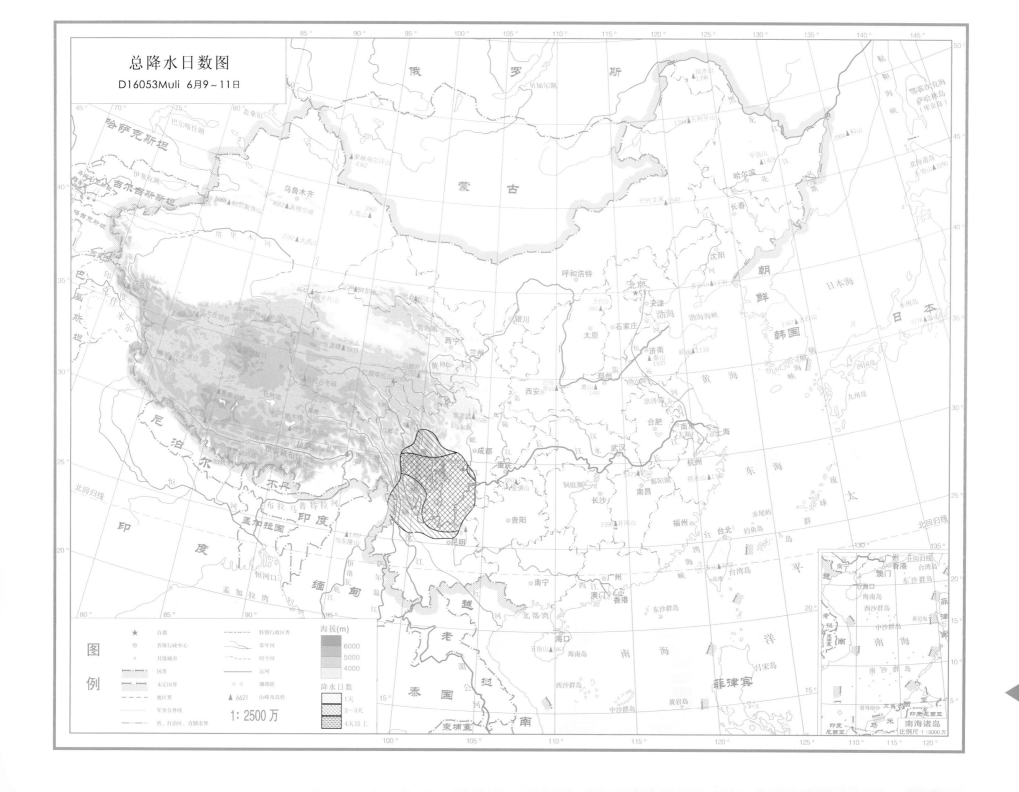

总降水日数图
D16053Muli 6月9～11日

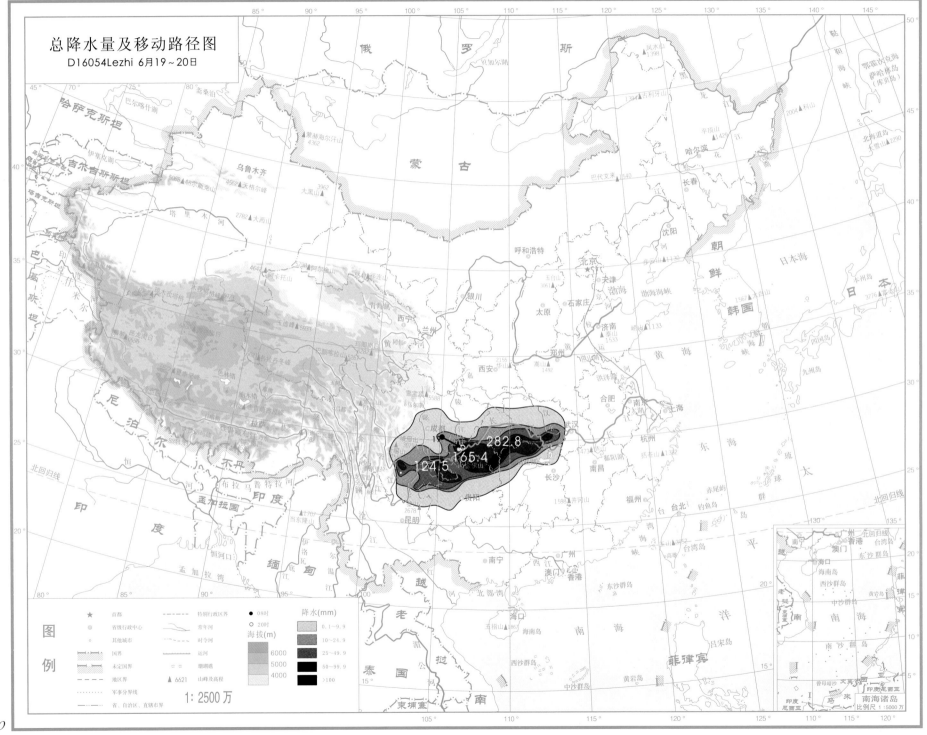

总降水量及移动路径图
D16054Lezhi 6月19～20日

282.8
165.4
124.5

降水(mm)
0.1～9.9
10～24.9
25～49.9
50～99.9
>100

海拔(m)
6000
5000
4000

图例

首都
省级行政中心
其他城市
国界
未定国界
地区界
军事分界线
省、自治区、直辖市界

特别行政区界
常年河
时令河
运河
▲6621 山峰及高程

● 08时
○ 20时

1 : 2500万

南海诸岛
比例尺 1 : 5000万

总降水日数图

D16054Lezhi 6月19~20日

图例

★	首都		
⊙	省级行政中心		
○	其他城市		
	国界		
	未定国界		
	地区界		
	军事分界线		
	省、自治区、直辖市界		

	特别行政区界	
	常年河	
	时令河	
	运河	
	湖泊滩	
▲ 6621	山峰及高程	

海拔(m)
- 6000
- 5000
- 4000

降水日数
- 1天
- 2~3天
- 4天以上

1:2500万

南海诸岛

比例尺 1:5000万

111

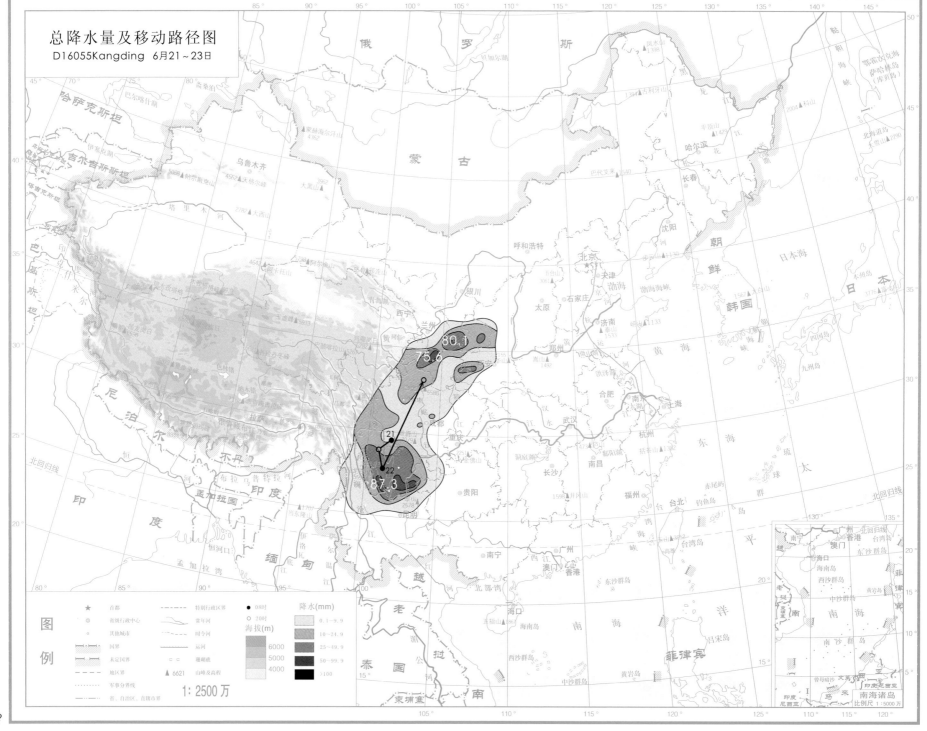

总降水量及移动路径图
D16055Kangding 6月21~23日

总降水日数图

D16055Kangding 6月21~23日

图例

★	首都
◎	省级行政中心
○	其他城市

-----	特别行政区界
～～～	常年河
-----	时令河
━━━	运河
══	珊瑚礁
▲ 6621	山峰及高程

▤▤▤	国界
▨▨▨	未定国界
- - -	地区界
⋯⋯⋯	军事分界线
━━━	省、自治区、直辖市界

海拔(m)

	6000
	5000
	4000

降水日数

	1天
	2~3天
	4天以上

1：2500万

南海诸岛
比例尺 1：5000万

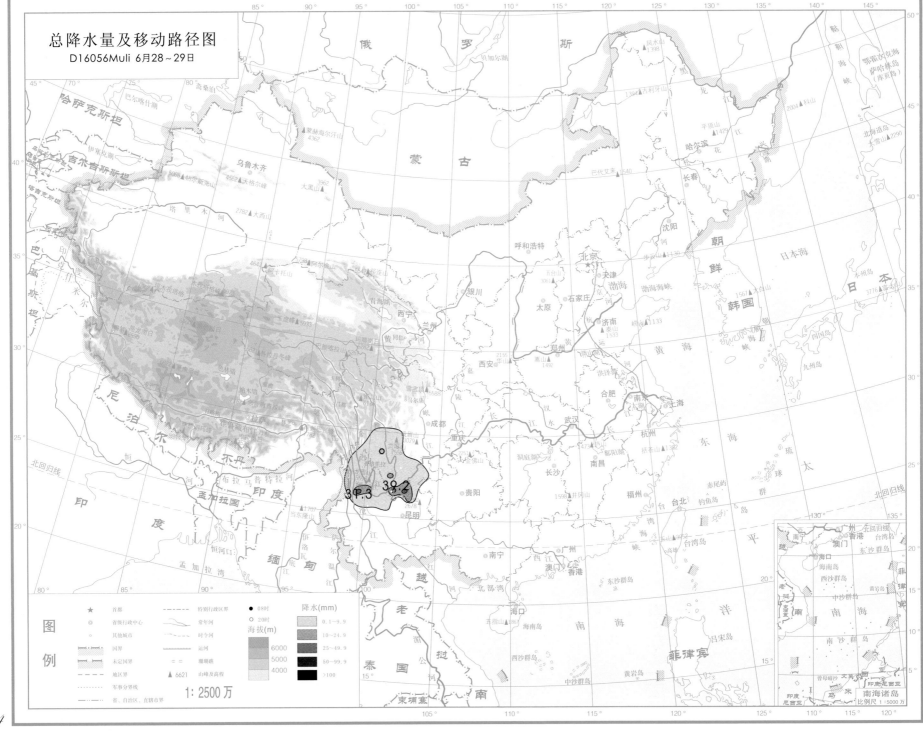

总降水量及移动路径图
D16056Muli 6月28～29日

总降水日数图

D16056Muli 6月28~29日

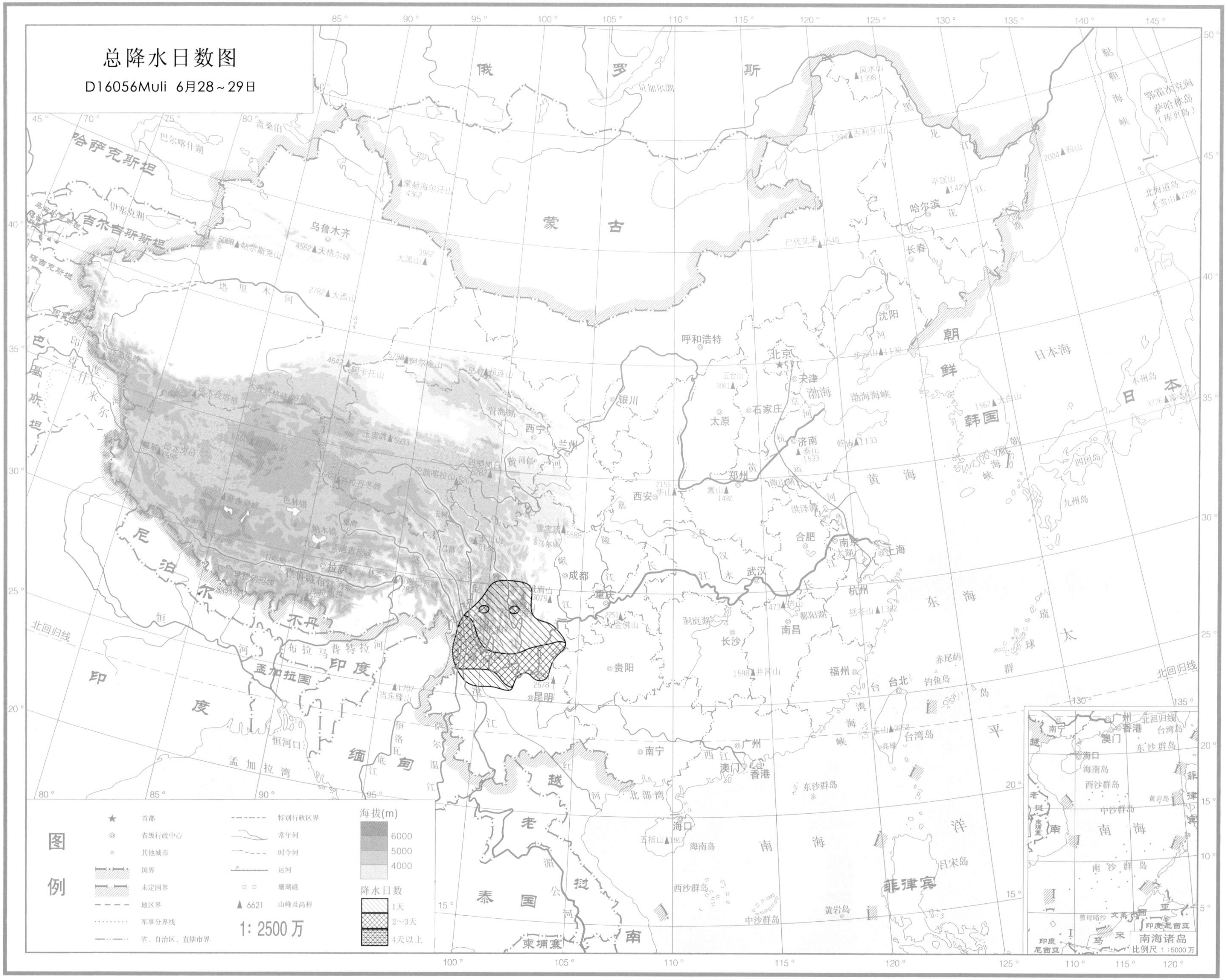

俄 罗 斯

哈萨克斯坦

蒙 古

朝鲜

韩国

日本

乌鲁木齐

塔里木河

北京

天津

银川

西宁
兰州

太原
石家庄

济南

呼和浩特

沈阳

哈尔滨

长春

青海湖

郑州

西安

合肥

南京

上海

成都
重庆

武汉

杭州

长沙

南昌

贵阳

福州

台北

拉萨

昆明

南宁

广州

香港
澳门

海口

尼泊尔

不丹

印度

孟加拉国

缅甸

老挝

泰国

越南

柬埔寨

菲律宾

吉尔吉斯斯坦

北回归线

孟加拉湾

东海

黄海

渤海

日本海

太平洋

南海

南海诸岛

图例

★	首都
◎	省级行政中心
○	其他城市
	国界
	未定国界
	地区界
	军事分界线
	省、自治区、直辖市界
	特别行政区界
	常年河
	时令河
	运河
	珊瑚礁
▲ 6621	山峰及高程

海拔(m)

6000
5000
4000

降水日数

1天
2~3天
4天以上

1:2500万

145

南海诸岛
比例尺 1:5000万

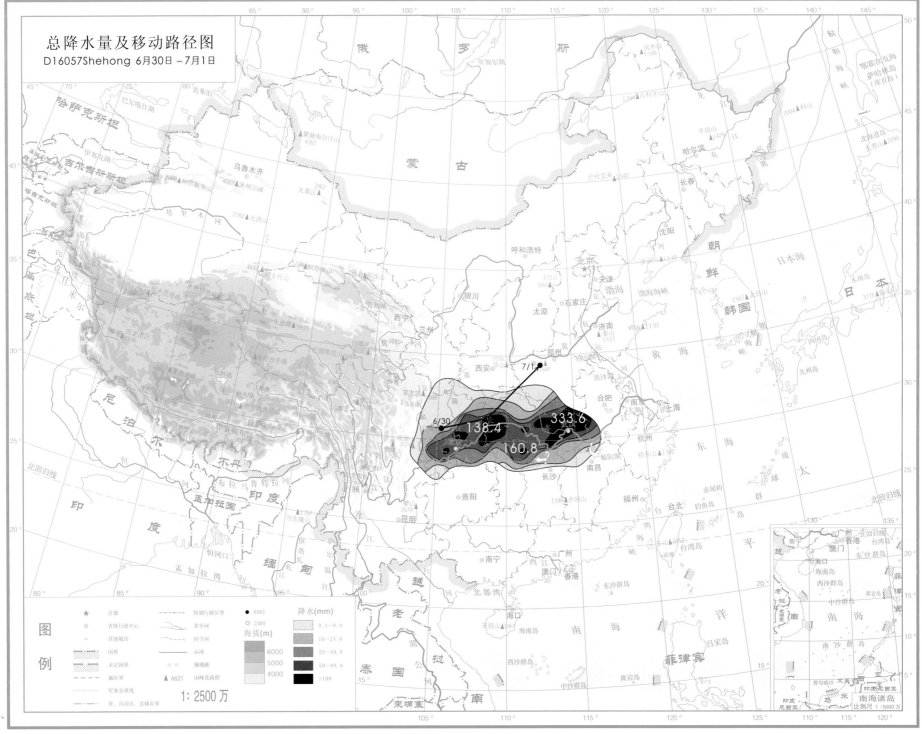

总降水量及移动路径图
D16057Shehong 6月30日~7月1日

1:2500万

总降水日数图

D16057Shehong 6月30日～7月1日

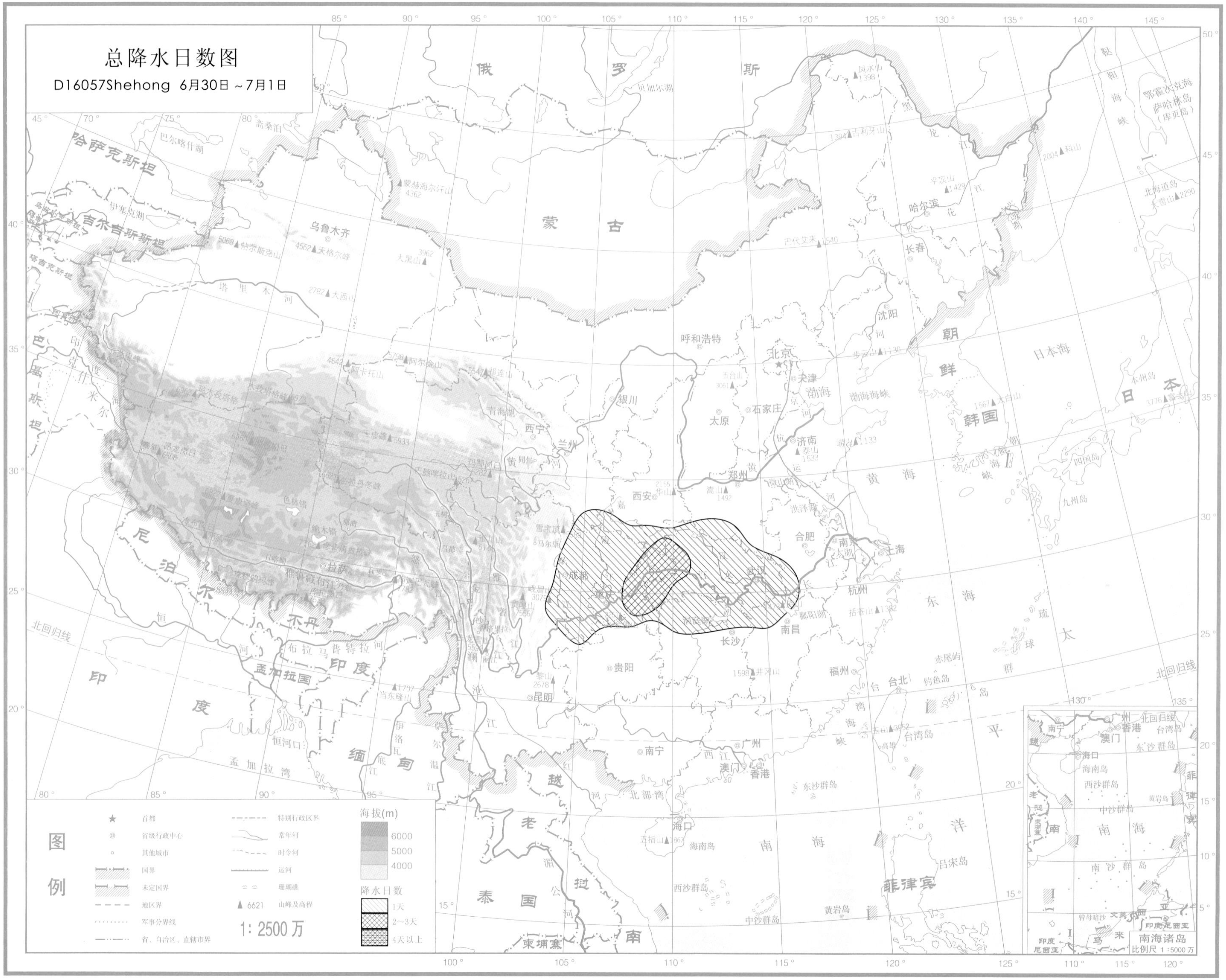

图例
首都
省级行政中心
其他城市
国界
未定国界
地区界
军事分界线
省、自治区、直辖市界
特别行政区界
常年河
时令河
运河
珊瑚礁
6621 山峰及高程
1: 2500 万
海拔(m)
6000
5000
4000
降水日数
1天
2～3天
4天以上
俄罗斯
蒙古
哈萨克斯坦
吉尔吉斯斯坦
塔吉克斯坦
巴基斯坦
尼泊尔
不丹
印度
孟加拉国
缅甸
老挝
越南
泰国
柬埔寨
菲律宾
朝鲜
韩国
日本
北京
天津
石家庄
太原
呼和浩特
沈阳
长春
哈尔滨
济南
郑州
西安
银川
兰州
西宁
乌鲁木齐
拉萨
成都
重庆
武汉
长沙
南昌
合肥
南京
上海
杭州
福州
台北
广州
澳门
香港
南宁
海口
贵阳
昆明
渤海
黄海
东海
南海
日本海
北回归线
南海诸岛
比例尺 1:5000 万

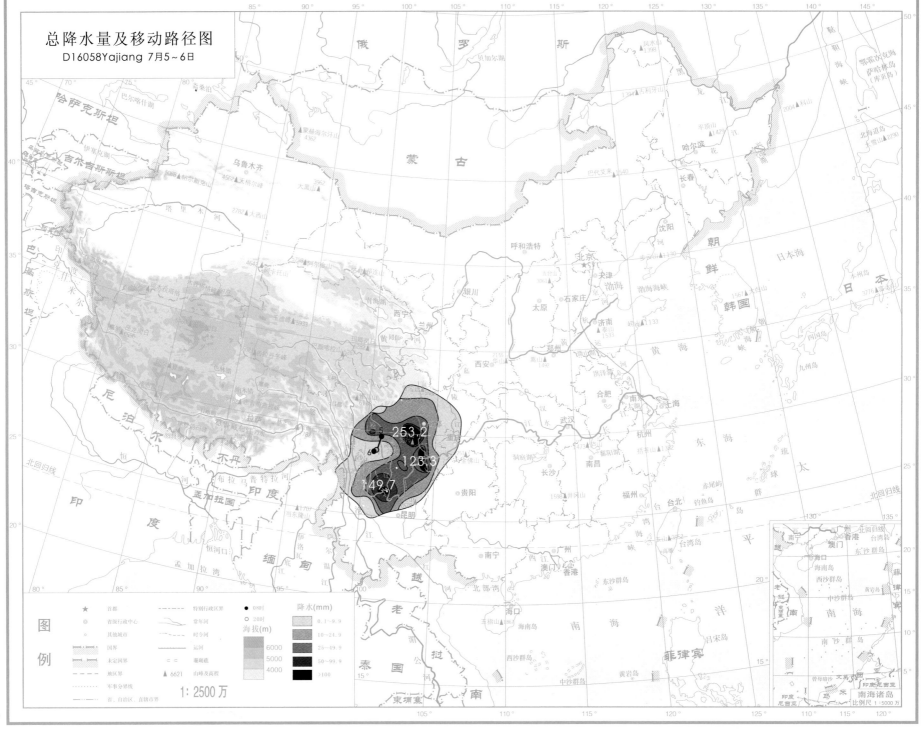

总降水量及移动路径图
D16058Yajiang 7月5~6日

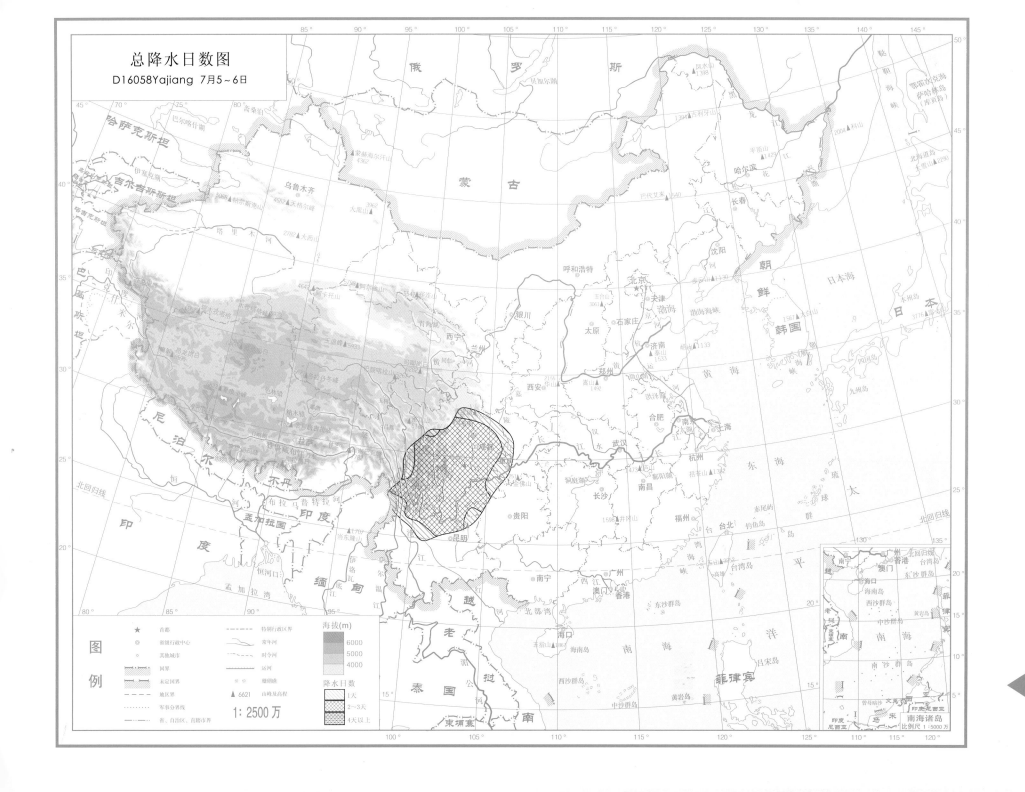

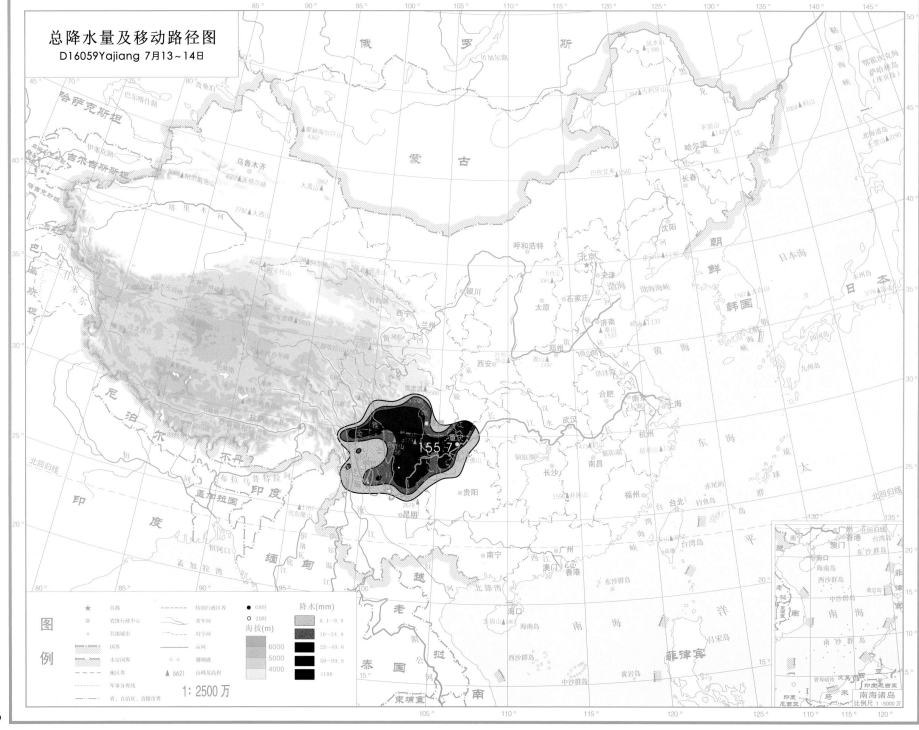

总降水量及移动路径图
D16059Yajiang 7月13~14日

155.7

1:2500万

P...150

总降水日数图
D16059Yajiang 7月13~14日

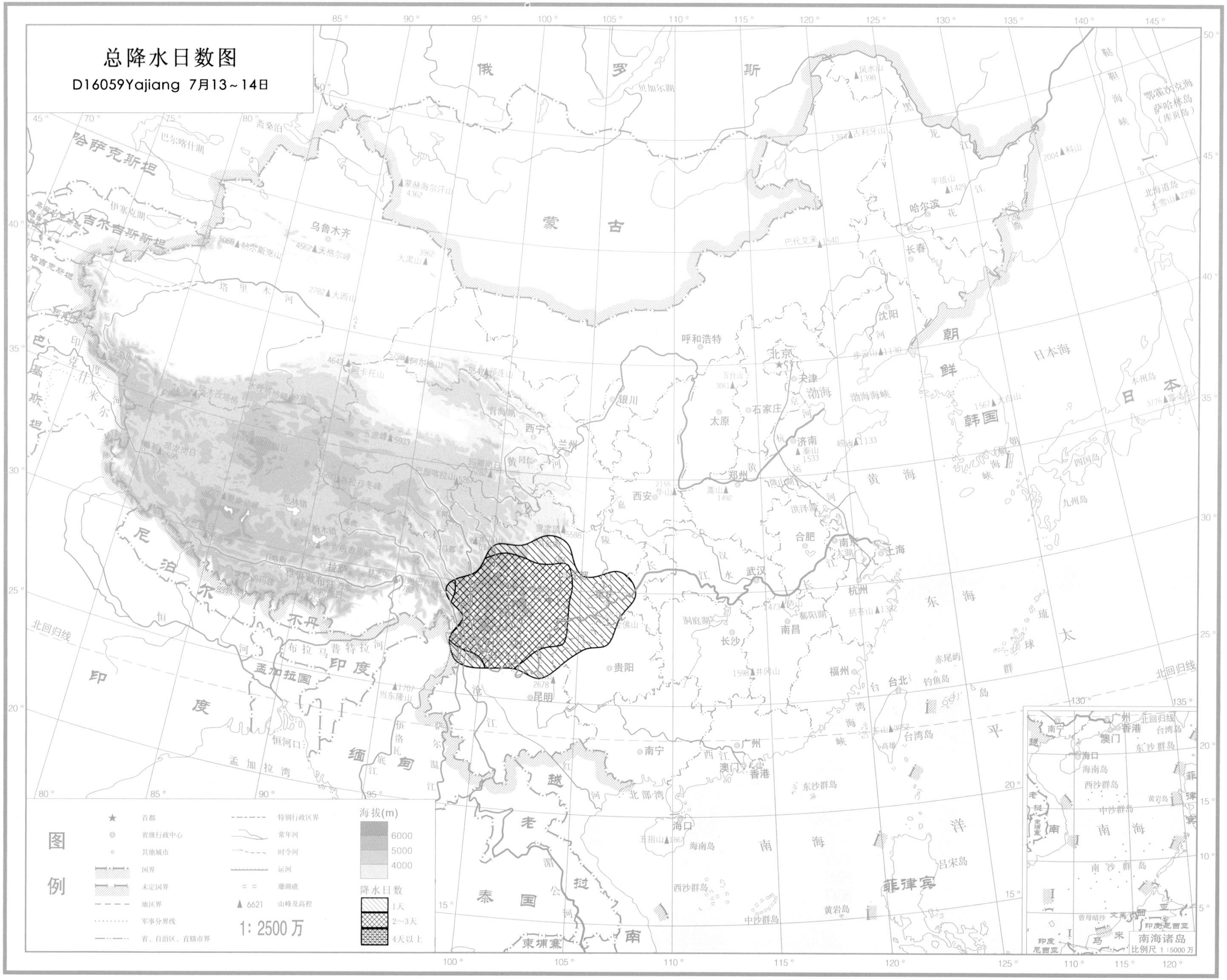

图例

★	首都
◎	省级行政中心
○	其他城市
	国界
	未定国界
	地区界
	军事分界线
	省、自治区、直辖市界

	特别行政区界
	常年河
	时令河
	运河
	湖泊边
▲ 6621	山峰及高程

海拔(m)
6000
5000
4000

降水日数
1天
2~3天
4天以上

1:2500 万

南海诸岛
比例尺 1:5000万

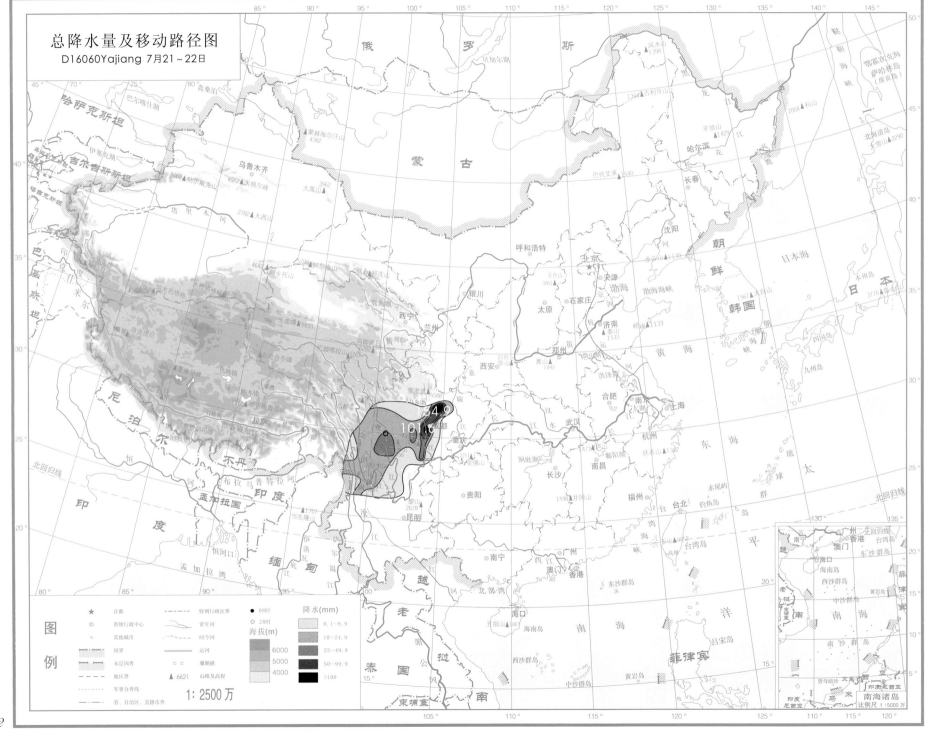

总降水量及移动路径图
D16060Yajiang 7月21~22日

总降水日数图

D16060Yajiang 7月21~22日

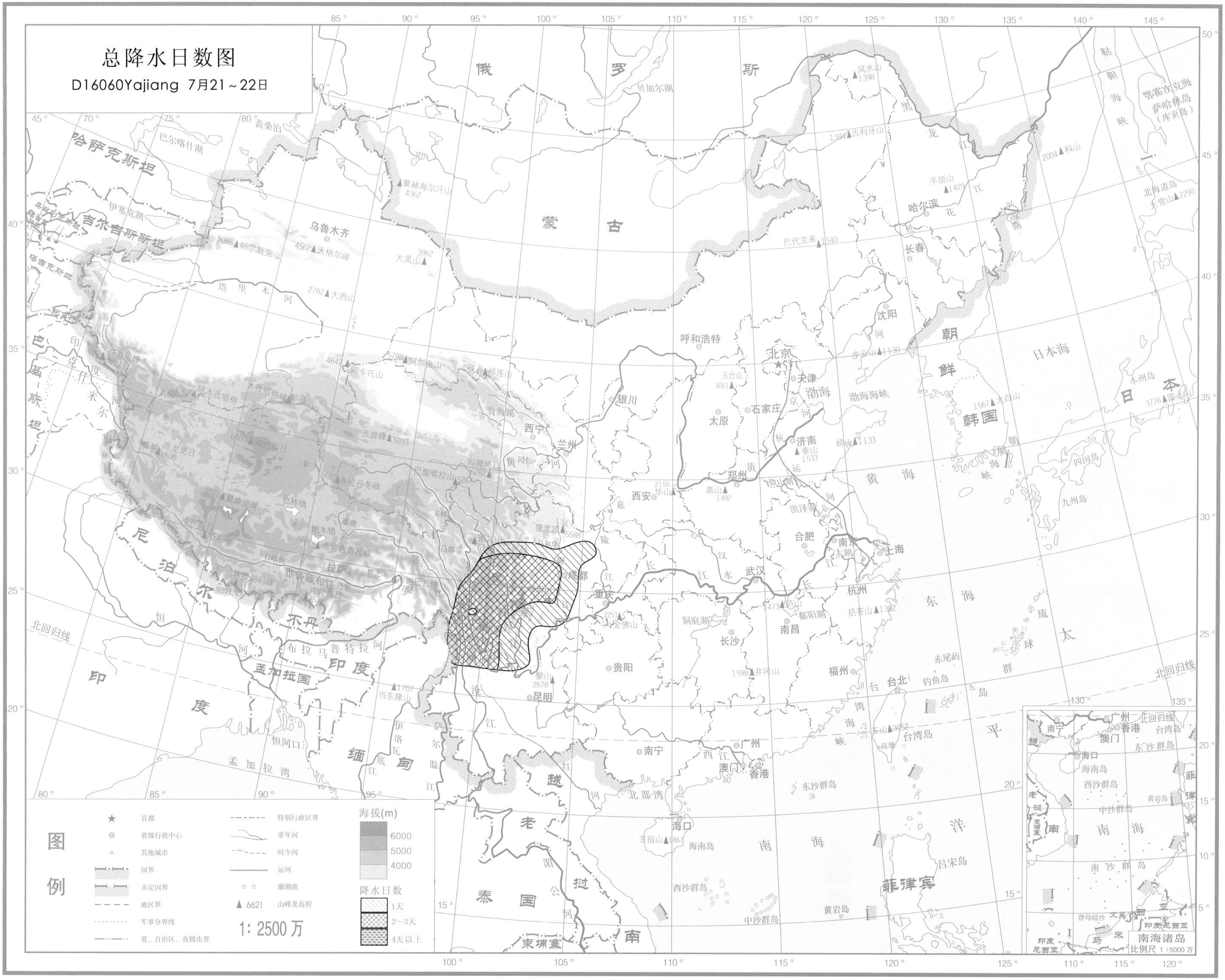

图例

符号	说明
★	首都
◎	省级行政中心
○	其他城市
	国界
	未定国界
	地区界
	军事分界线
	省、自治区、直辖市界
	特别行政区界
	常年河
	时令河
	运河
	珊瑚礁
▲ 6621	山峰及高程

海拔(m)
6000
5000
4000

降水日数
1天
2~3天
4天以上

1:2500万

南海诸岛
比例尺 1:5000万

153

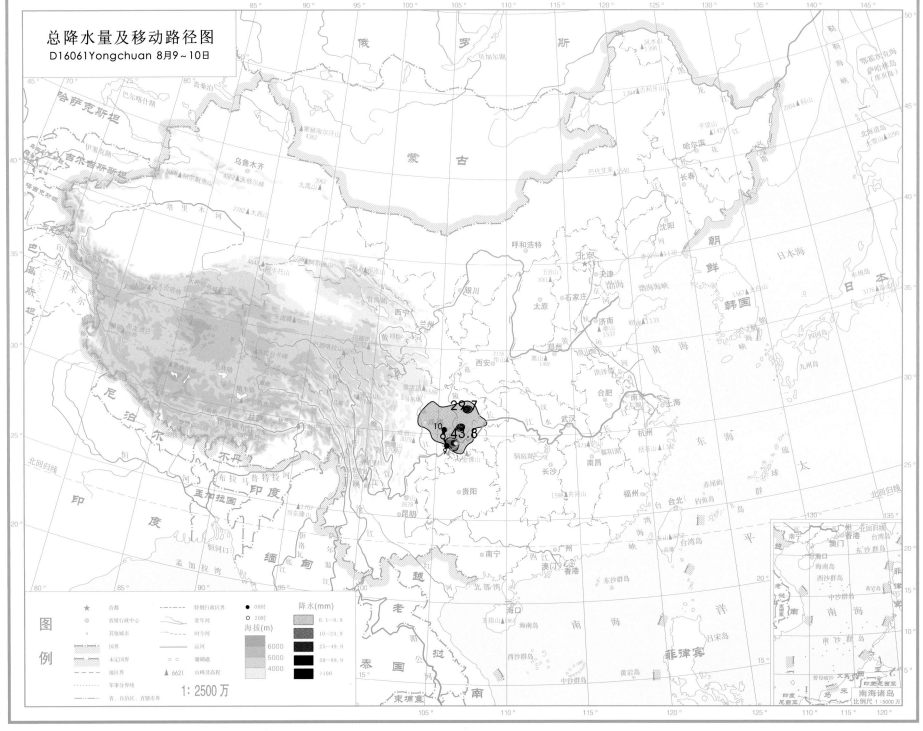

总降水量及移动路径图
D16061Yongchuan 8月9~10日

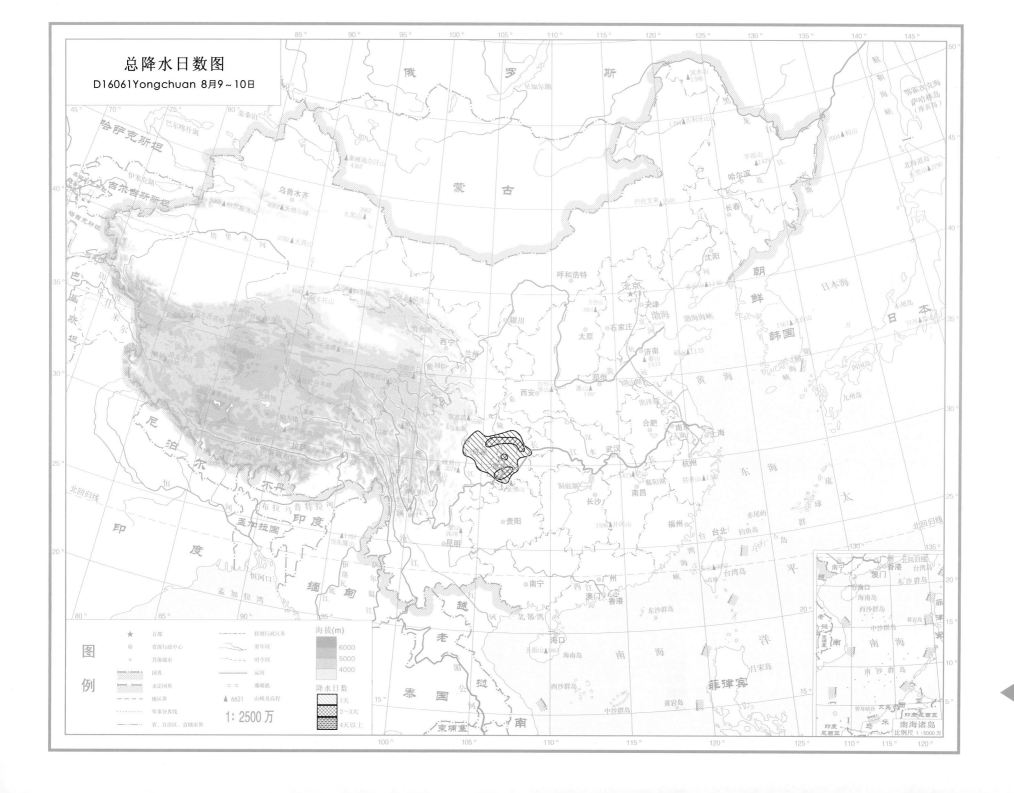

总降水日数图
D16061Yongchuan 8月9～10日

155

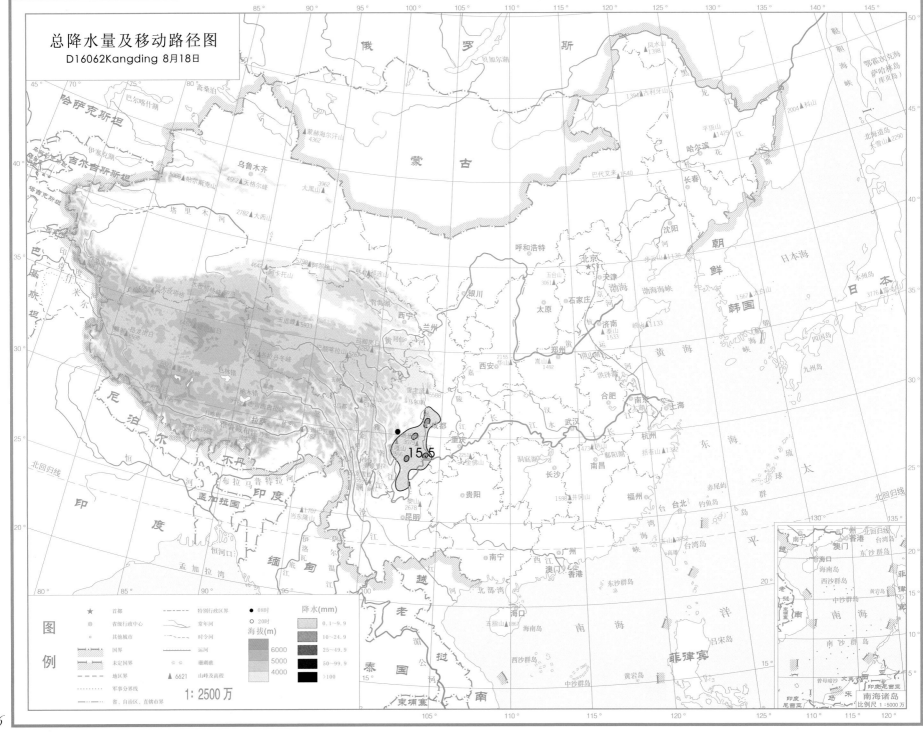

总降水量及移动路径图
D16062Kangding 8月18日

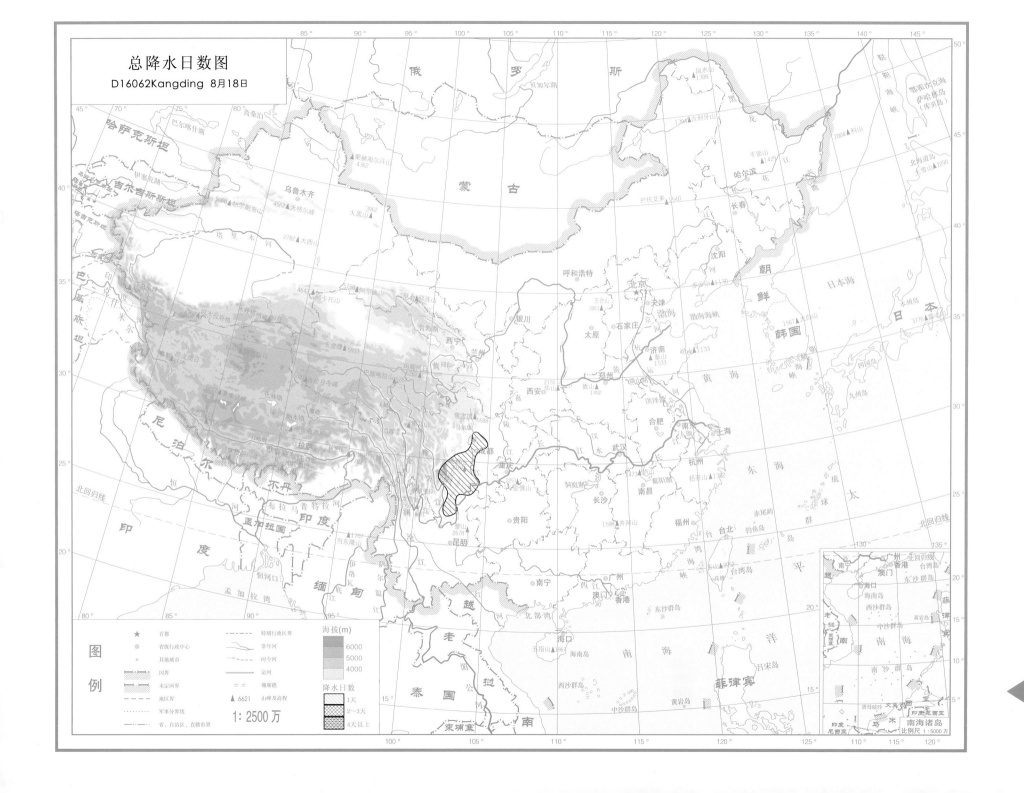

总降水日数图

D16062Kangding 8月18日

1 : 2500 万

图例

首都	特别行政区界
省级行政中心	常年河
其他城市	时令河
国界	运河
未定国界	珊瑚礁
地区界	▲6621 山峰及高程
军事分界线	

海拔(m)
6000
5000
4000

降水日数
1天
2~3天
4天以上

157

南海诸岛
比例尺 1 : 5000 万

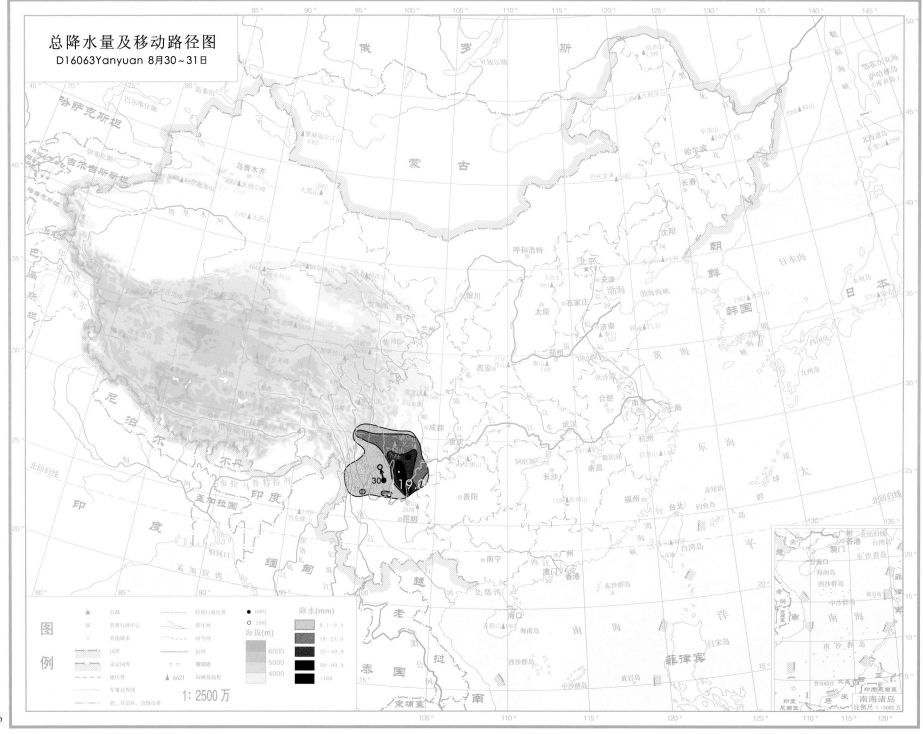

总降水量及移动路径图
D16063Yanyuan 8月30~31日

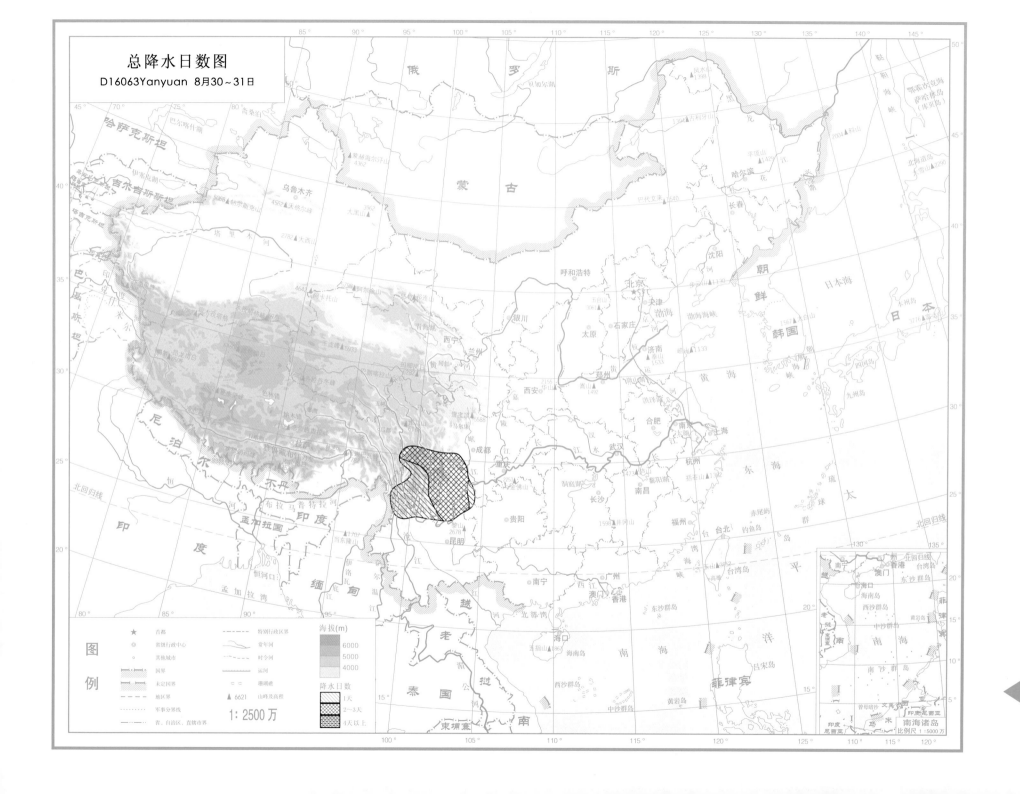

总降水日数图
D16063Yanyuan 8月30~31日

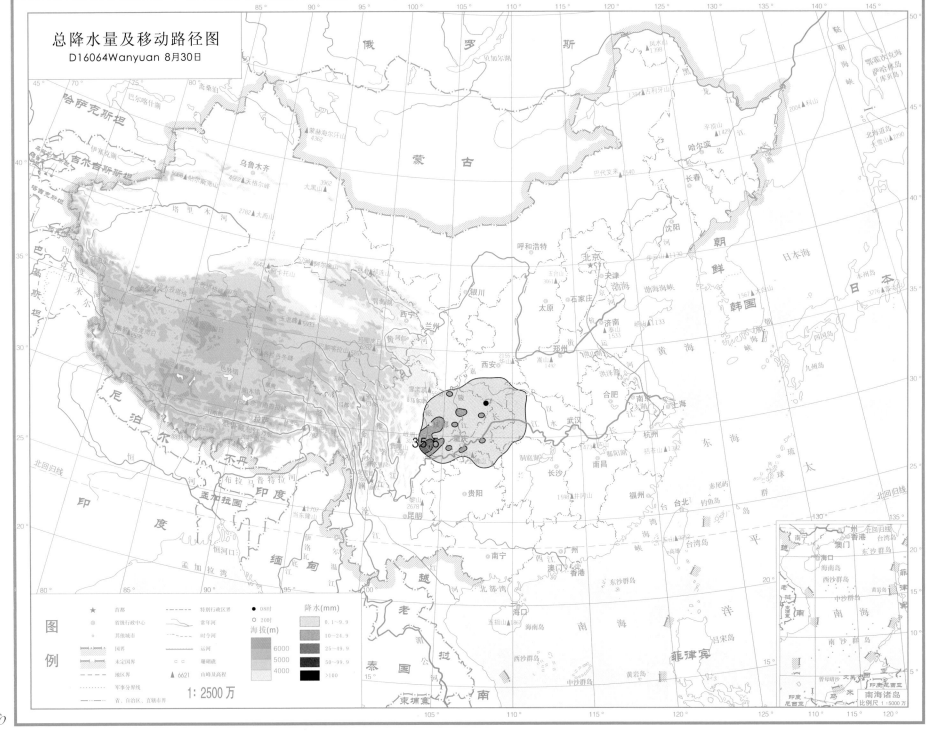

总降水量及移动路径图
D16064Wanyuan 8月30日

总降水日数图

D16064Wanyuan 8月30日

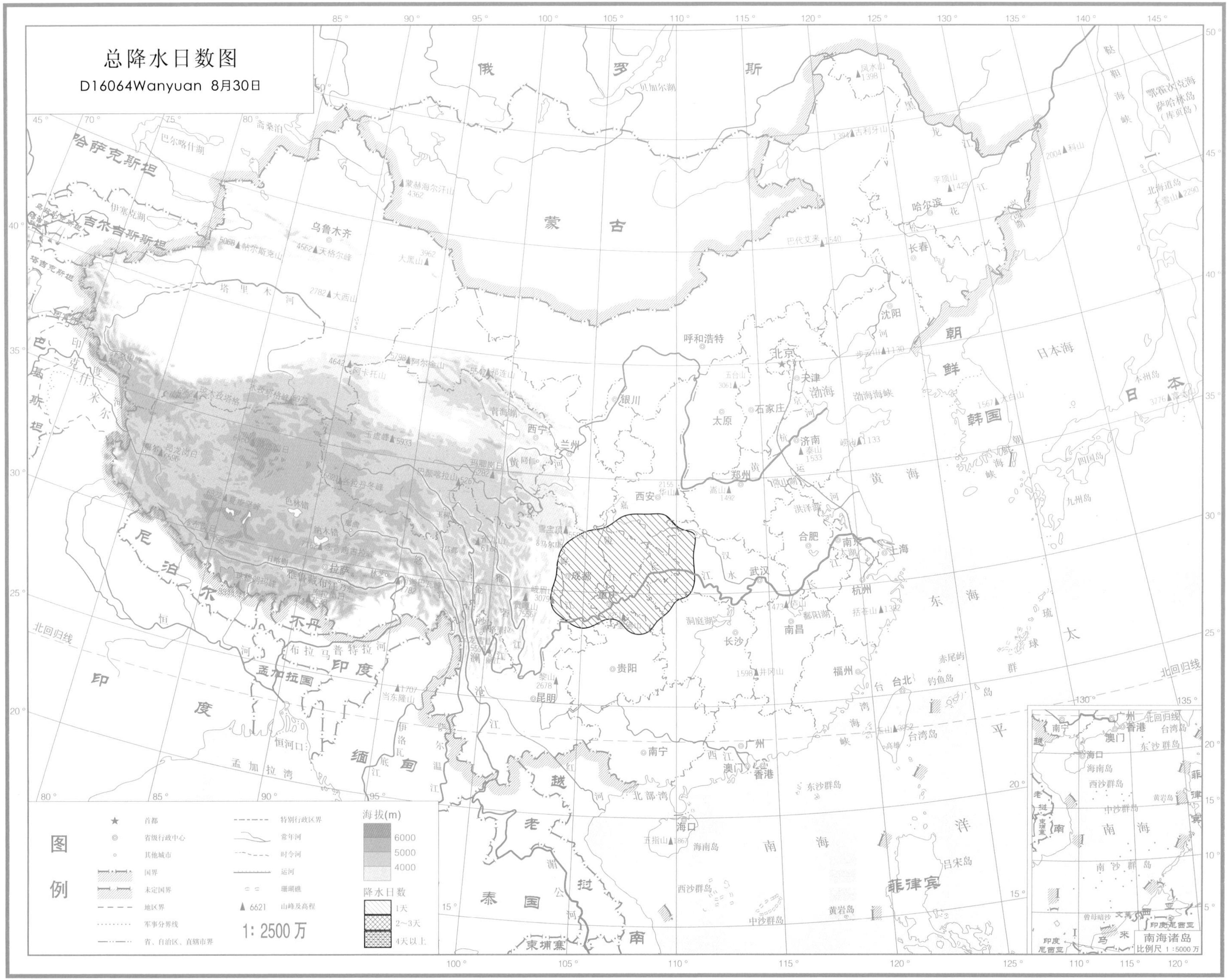

图例
首都
省级行政中心
其他城市
国界
未定国界
地区界
军事分界线
省、自治区、直辖市界
特别行政区界
常年河
时令河
运河
珊瑚礁
6621 山峰及高程
1∶2500万
海拔(m)
6000
5000
4000
降水日数
1天
2~3天
4天以上
俄
罗
斯
蒙
古
哈萨克斯坦
吉尔吉斯斯坦
塔吉克斯坦
巴基斯坦
印度
尼泊尔
不丹
孟加拉国
缅甸
老挝
泰国
柬埔寨
越南
朝鲜
韩国
日本
菲律宾
北京
天津
石家庄
太原
呼和浩特
沈阳
长春
哈尔滨
济南
郑州
西安
银川
兰州
西宁
乌鲁木齐
拉萨
成都
重庆
贵阳
昆明
南宁
广州
香港
澳门
海口
长沙
武汉
南昌
合肥
南京
上海
杭州
福州
台北
渤海
黄海
东海
南海
日本海
太平洋
北回归线
南海诸岛
比例尺 1∶5000万

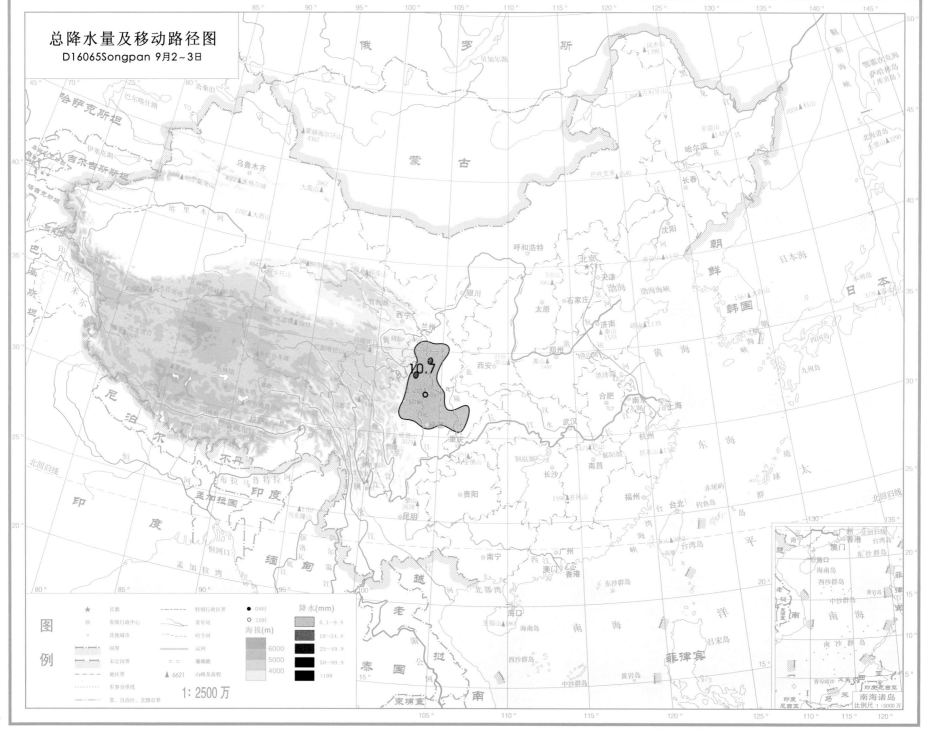

总降水量及移动路径图
D16065Songpan 9月2~3日

10.7

图例

★	首都		特别行政区界
◎	省级行政中心		常年河
○	其他城市		时令河
	国界		运河
	未定国界		珊瑚礁
	地区界	▲ 6621	山峰及高程
	军事分界线		
	省、自治区、直辖市界		

08时
20时

降水(mm)
0.1~9.9
10~24.9
25~49.9
50~99.9
>100

海拔(m)
6000
5000
4000

1:2500万

南海诸岛
比例尺 1:5000万

总降水日数图

D16065Songpan 9月2~3日

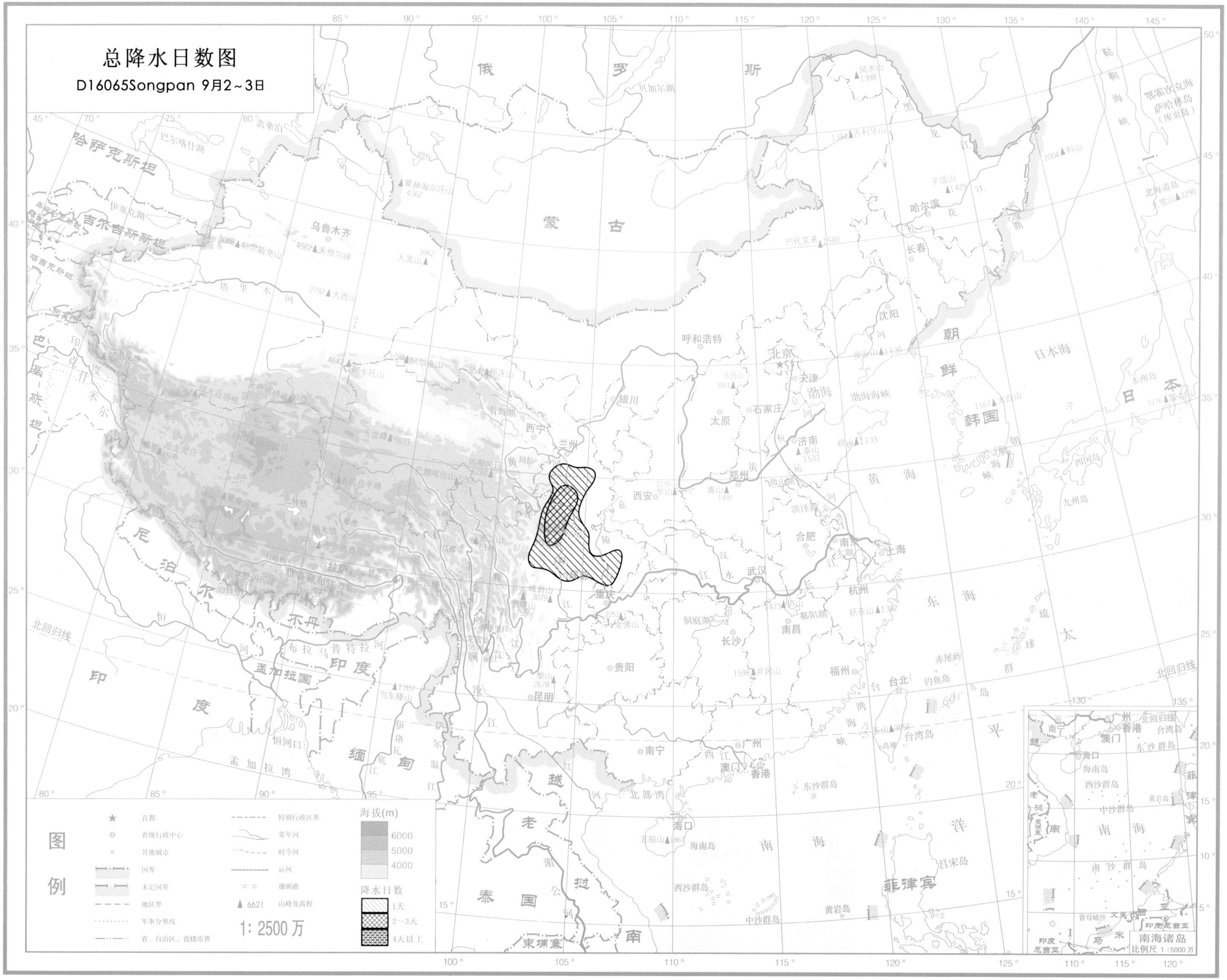

图例

★	首都		特别行政区界
◎	省级行政中心		常年河
○	其他城市		时令河
	国界		运河
	未定国界		珊瑚礁
	地区界	▲ 6621	山峰及高程
	军事分界线		
	省、自治区、直辖市界		

海拔(m)
6000
5000
4000

降水日数
1天
2~3天
4天以上

1:2500万

南海诸岛
比例尺 1:5000万

163

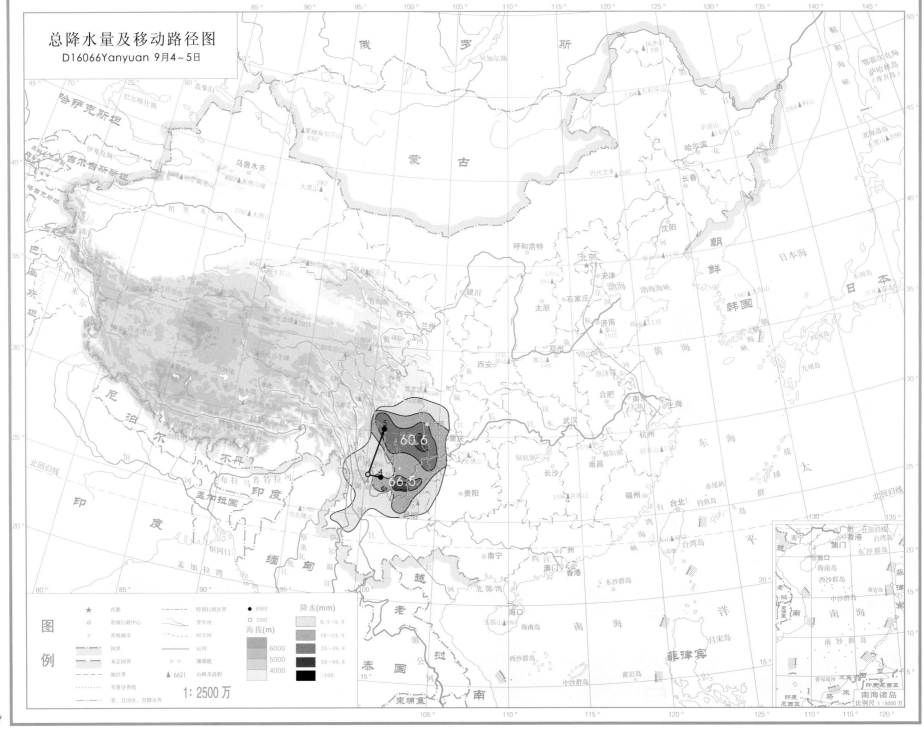

总降水量及移动路径图
D16066Yanyuan 9月4~5日

总降水日数图

D16066Yanyuan 9月4~5日

南海诸岛
比例尺 1:5000万

165

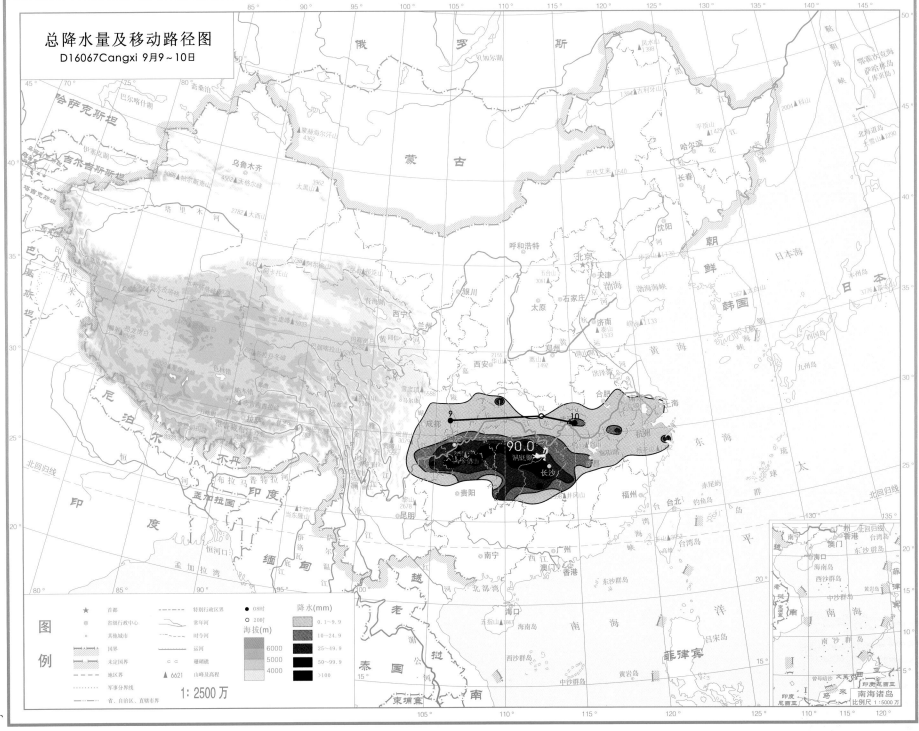

总降水量及移动路径图
D16067Cangxi 9月9~10日

总降水日数图

D16067Cangxi 9月9~10日

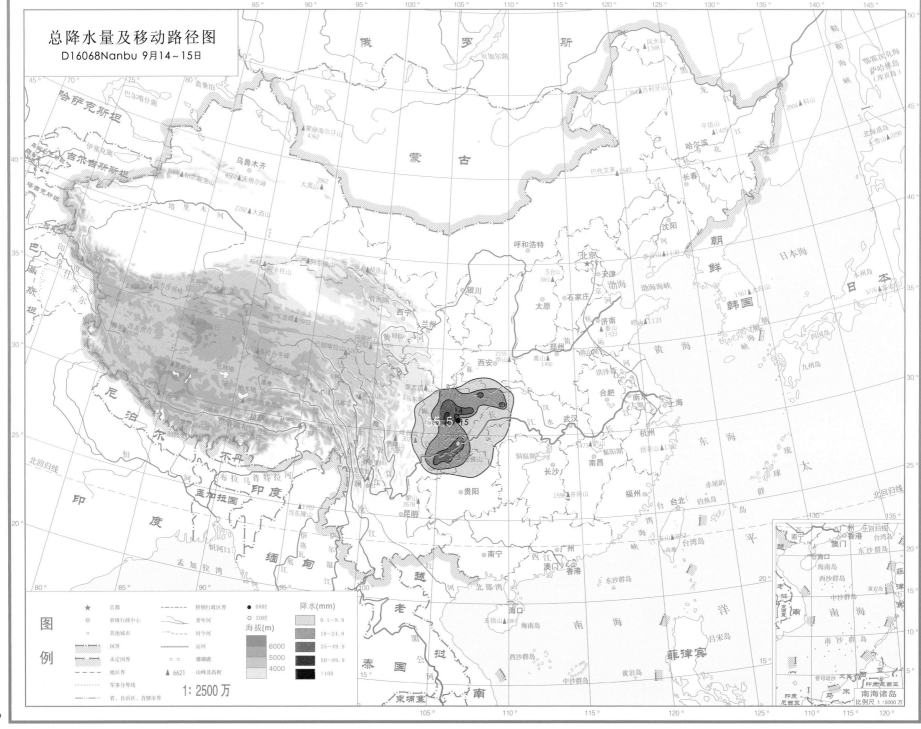

総降水量及移动路径图
D16068Nanbu 9月14~15日

总降水日数图

D16068Nanbu 9月14~15日

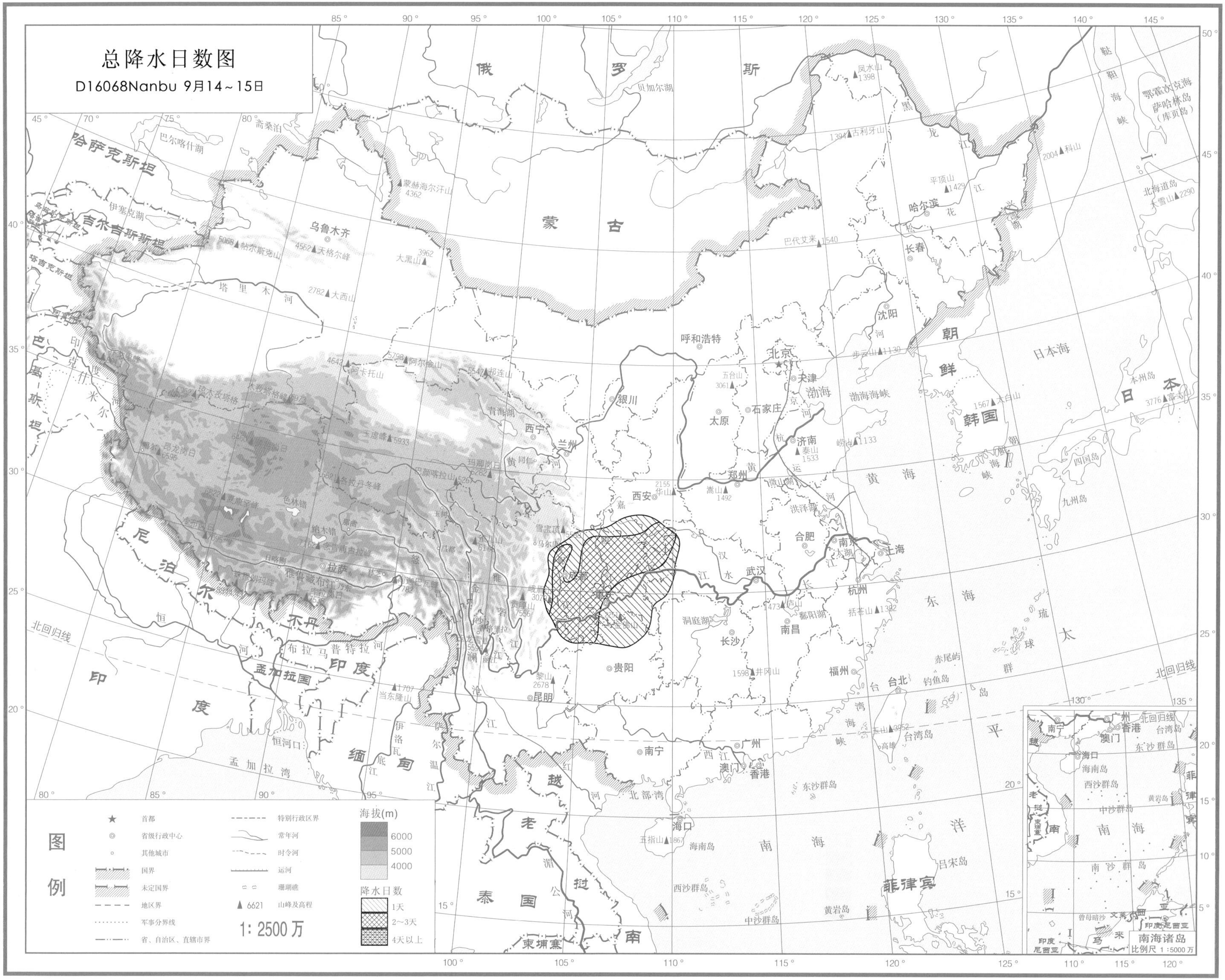

图例

★	首都	---	特别行政区界
◎	省级行政中心		常年河
○	其他城市		时令河
	国界		运河
	未定国界	⊏⊐	珊瑚礁
---	地区界	▲6621	山峰及高程
····	军事分界线		
	省、自治区、直辖市界		

海拔(m)
6000
5000
4000

降水日数
1天
2~3天
4天以上

1:2500万

南海诸岛
比例尺 1:5000万

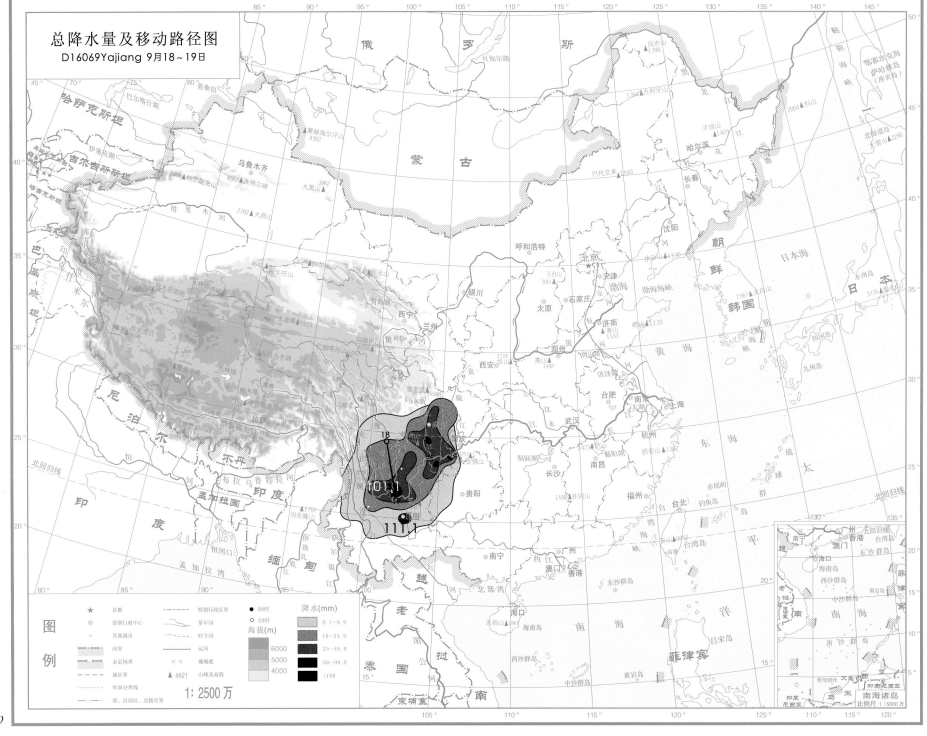

总降水量及移动路径图
D16069Yajiang 9月18~19日

总降水日数图
D16069Yajiang 9月18~19日

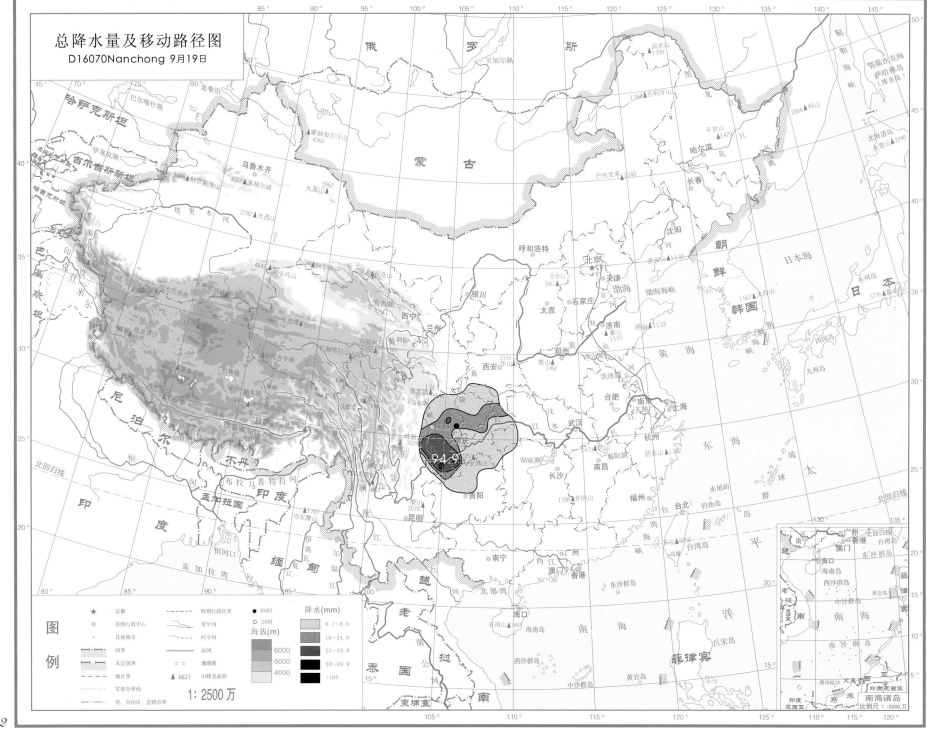

总降水量及移动路径图
D16070Nanchong 9月19日

图例

★	首都	------	特别行政区界
◎	省级行政中心	~~~	常年河
○	其他城市	==	时令河
	国界	●	08时
	未定国界	○	20时
	地区界	▲6621	山峰及高程
.....	军事分界线		
——	省、自治区、直辖市界		

降水(mm)
海拔(m)

6000
5000
4000

0.1～9.9
10～24.9
25～49.9
50～99.9
＞100

1:2500万

南海诸岛
比例尺 1:5000万

俄　罗　斯

哈萨克斯坦

吉尔吉斯斯坦

蒙　　古

朝

鲜

韩　国

日　本

乌鲁木齐

塔　里　木　河

尼
泊
尔

不
丹

印　度

巴
基
斯
坦

北回归线

孟加拉国

缅
甸

老

越

南

泰
国

菲律宾

北京
呼和浩特
银川
西宁
兰州
西安
太原
石家庄
郑州
济南
沈阳
长春
哈尔滨
天津
合肥
南京
上海
杭州
武汉
长沙
南昌
福州
台北
贵阳
昆明
南宁
广州
澳门
香港
海口

成都
重庆

黄河
长江

青海湖

洞庭湖
鄱阳湖

东海

黄海

日本海

太

平

洋

南　海

图
例

★　　首都
◎　　省级行政中心
○　　其他城市
　　　国界
　　　未定国界
　　　地区界
　　　军事分界线
　　　省、自治区、直辖市界

　　　特别行政区界
　　　常年河
　　　时令河
　　　运河
　　　珊瑚礁
▲ 6621　山峰及高程

海拔(m)
6000
5000
4000

降水日数
1天
2～3天
4天以上

南海诸岛
比例尺 1:5000 万

173

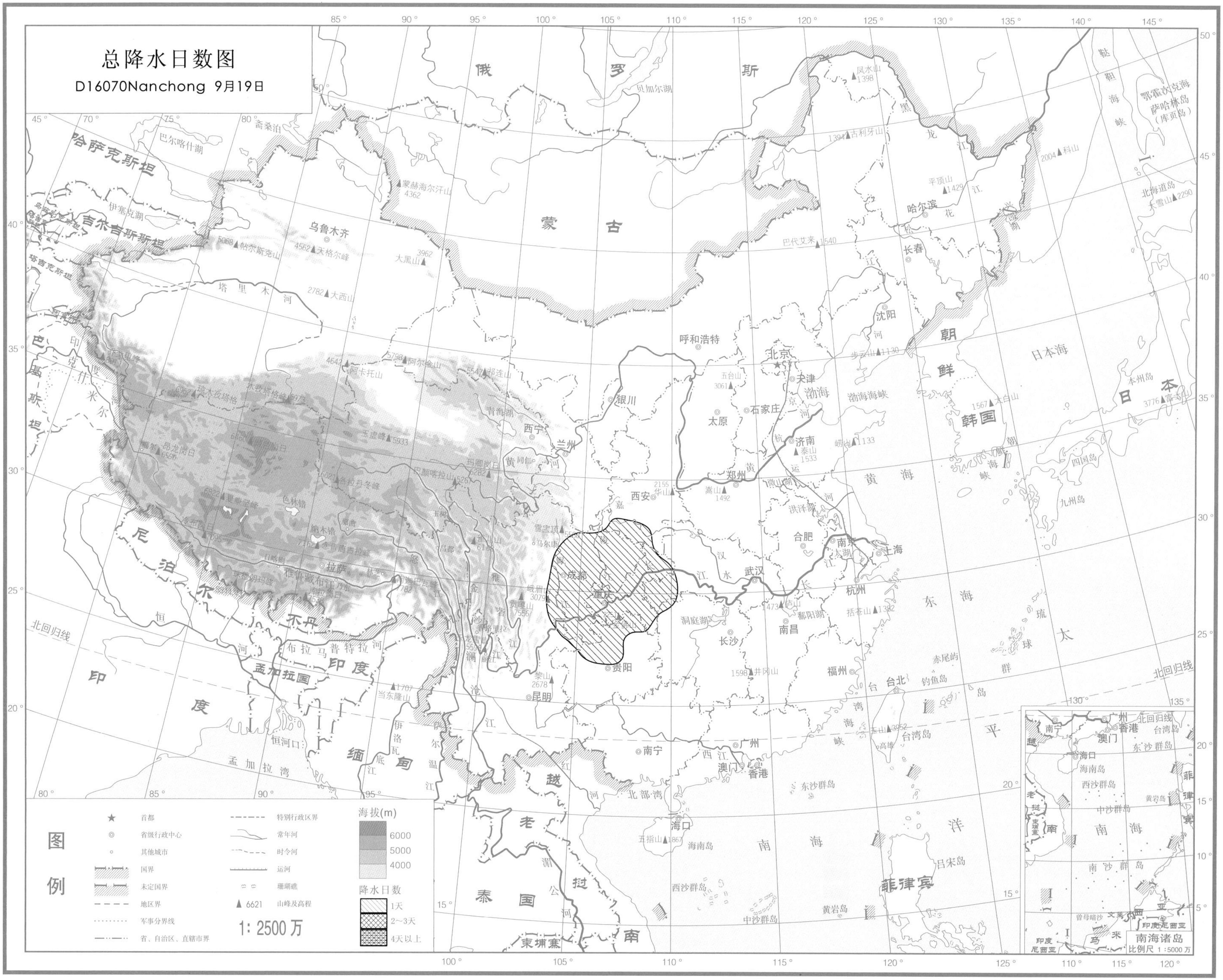

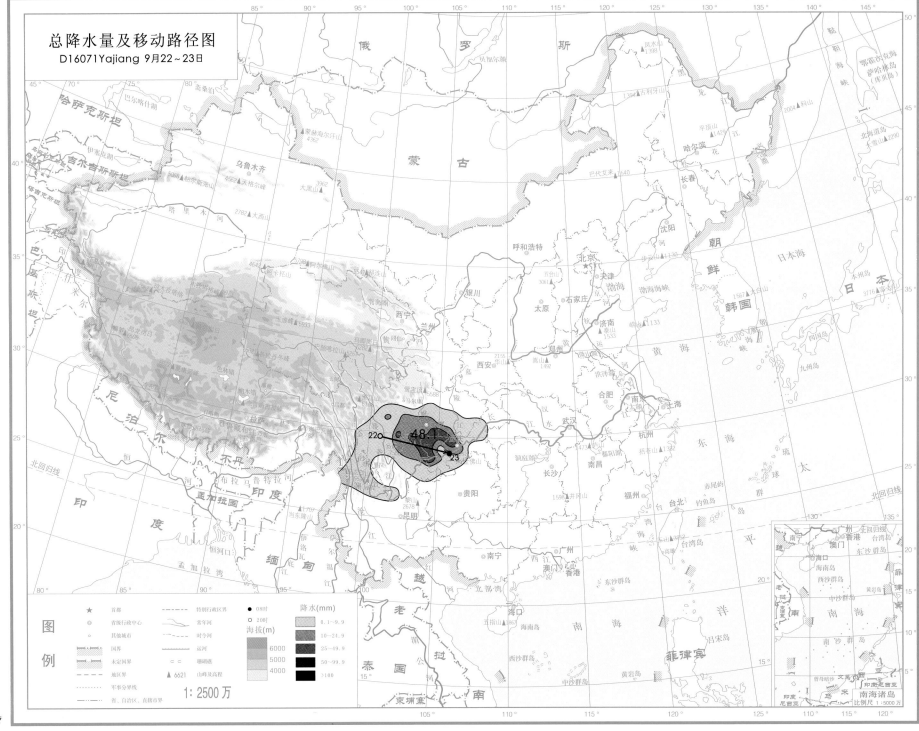

总降水量及移动路径图
D16071Yajiang 9月22～23日

总降水日数图

D16071Yajiang 9月22~23日

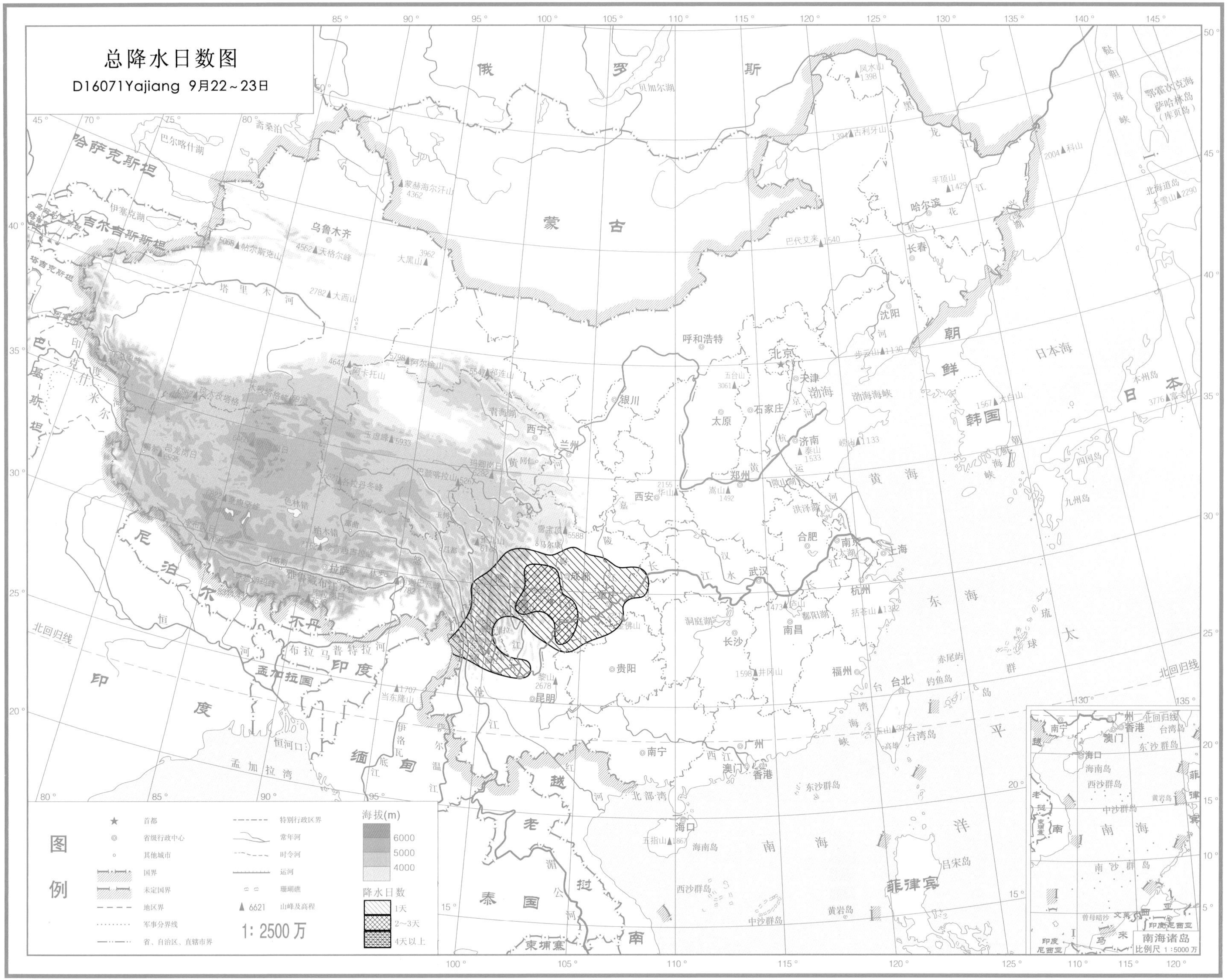

图例

★	首都
◎	省级行政中心
○	其他城市
	国界
	未定国界
	地区界
	军事分界线
	省、自治区、直辖市界

	特别行政区界
	常年河
	时令河
	运河
= =	珊瑚礁
▲ 6621	山峰及高程

海拔(m)
6000
5000
4000

降水日数
1天
2~3天
4天以上

1 : 2500 万

南海诸岛
比例尺 1:5000 万

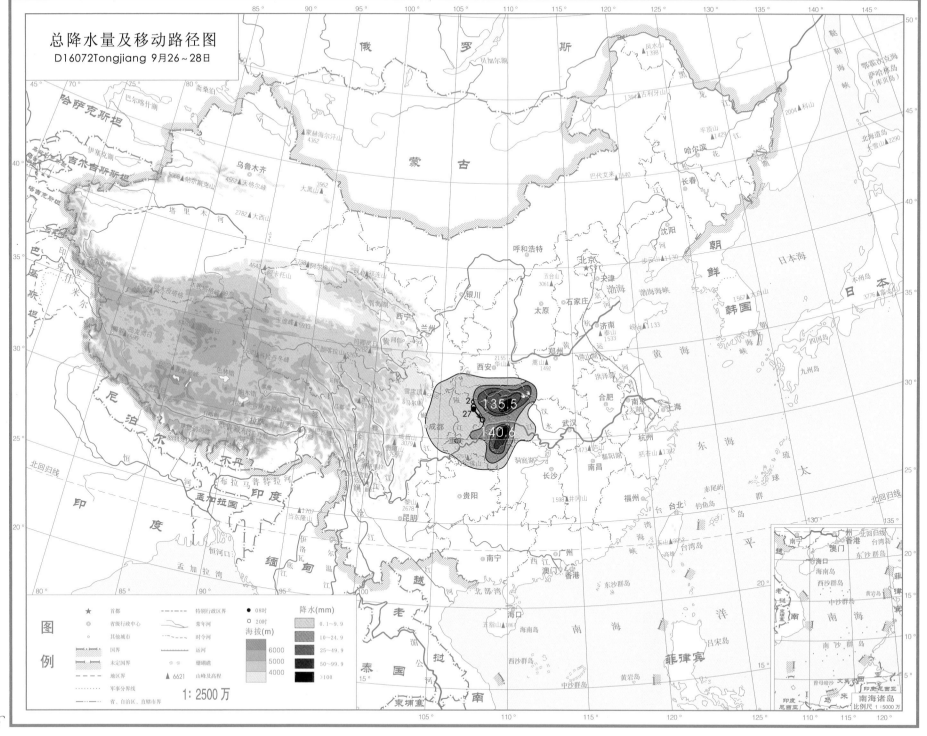

总降水量及移动路径图
D16072Tongjiang 9月26~28日

图例

★	首都	--------	特别行政区界	● 08时
◎	省级行政中心		常年河	○ 20时
○	其他城市		时令河	
	国界	═══	运河	
	未定国界	▭ ▭	珊瑚礁	
	地区界	▲ 6621	山峰及高程	
....	军事分界线			
	省、自治区、直辖市界			

降水(mm)

- 0.1~9.9
- 10~24.9
- 25~49.9
- 50~99.9
- >100

海拔(m)

- 6000
- 5000
- 4000

1: 2500万

南海诸岛
比例尺 1:5000万

总降水日数图
D16072Tongjiang 9月26~28日

1: 2500 万

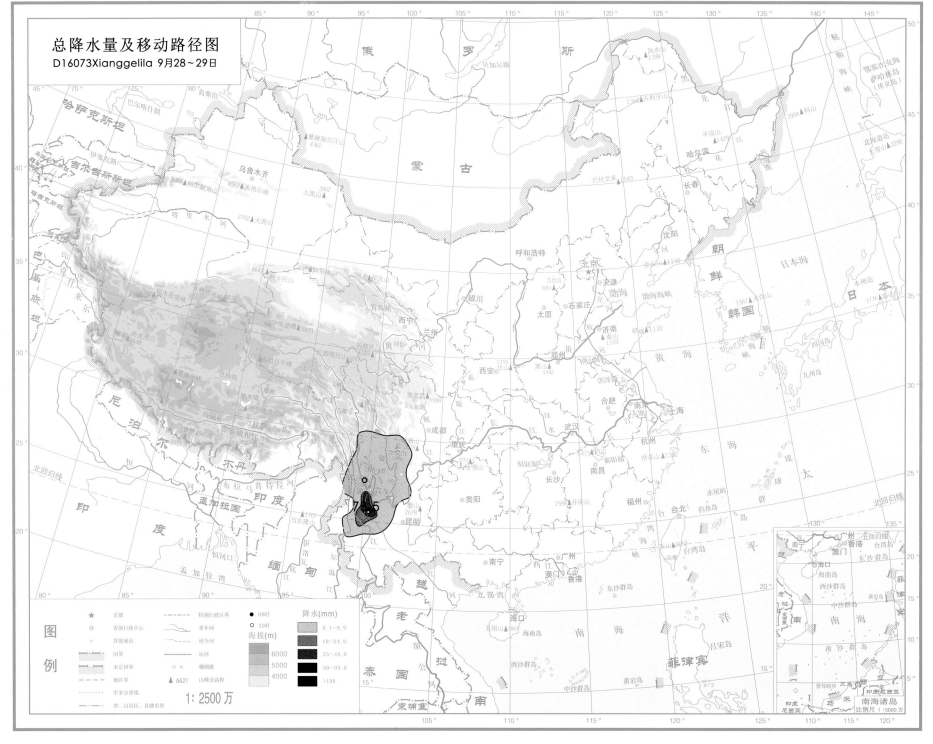

总降水量及移动路径图
D16073Xianggelila 9月28~29日

1: 2500 万

总降水日数图

D16073Xianggelila 9月28~29日

1 : 2500 万

图例

★	首都
◎	省级行政中心
○	其他城市
	国界
	未定国界
	地区界
	军事分界线
	省、自治区、直辖市界

	特别行政区界
	常年河
	时令河
	运河
○○	珊瑚礁
▲ 6621	山峰及高程

海拔(m)

6000
5000
4000

降水日数

1天
2~3天
4天以上

南海诸岛
比例尺 1:5000万

129

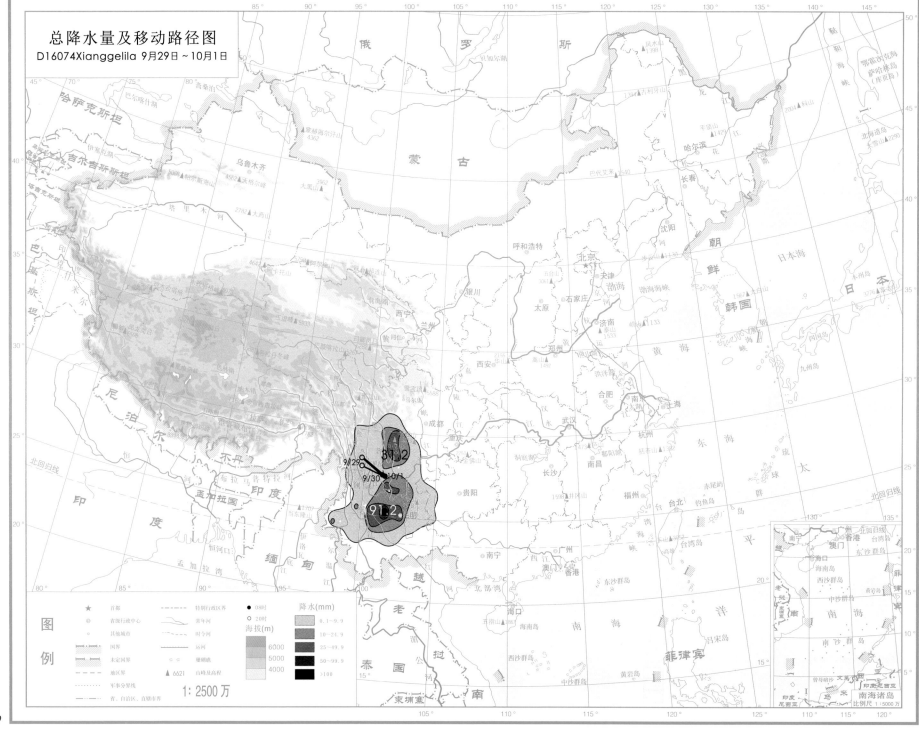

总降水量及移动路径图
D16074Xianggelila 9月29日～10月1日

总降水日数图

D16074Xianggelila 9月29日 ~10月1日

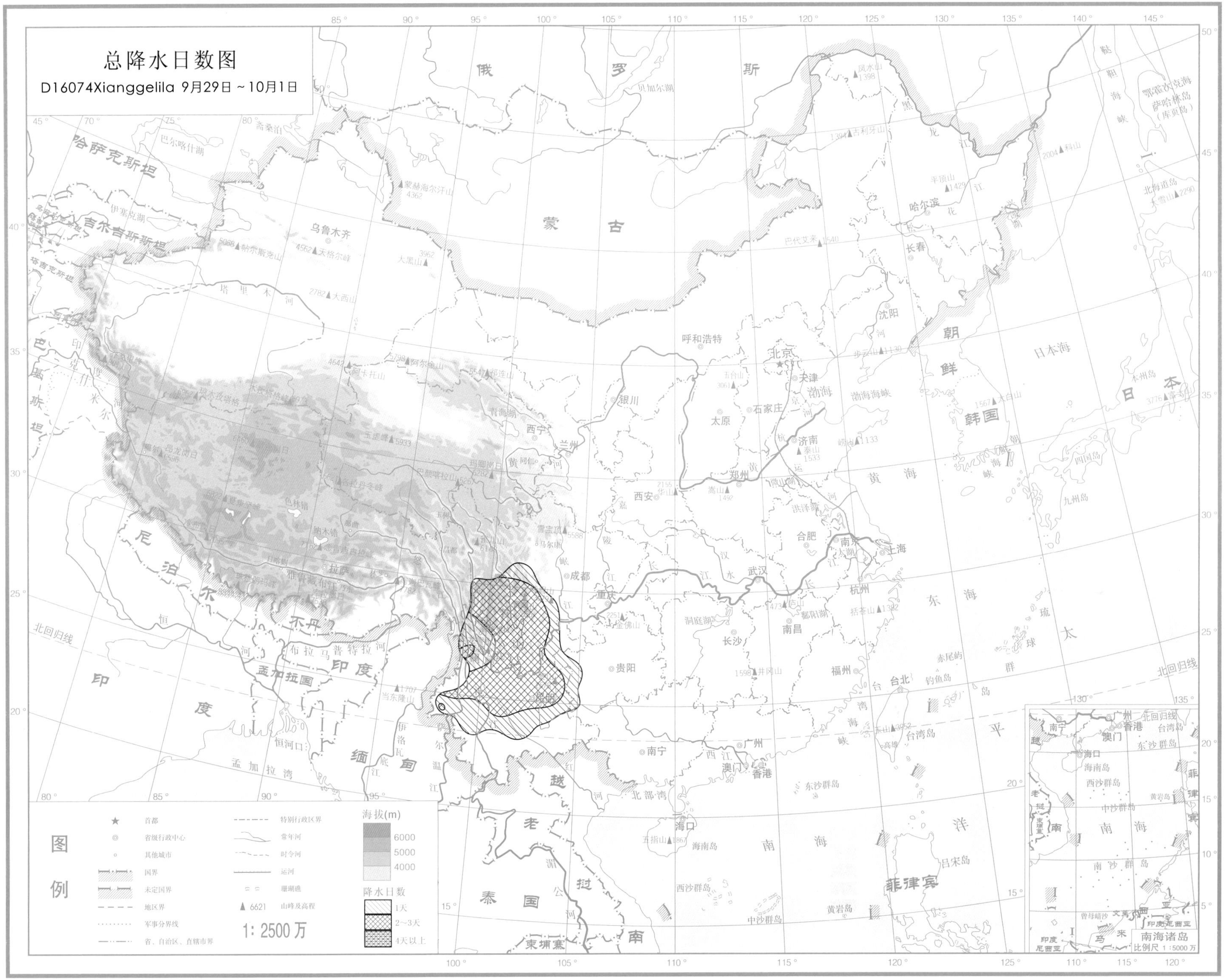

图例
首都
省级行政中心
其他城市
国界
未定国界
地区界
军事分界线
省、自治区、直辖市界
特别行政区界
常年河
时令河
运河
珊瑚礁
山峰及高程
1:2500万
海拔(m)
6000
5000
4000
降水日数
1天
2~3天
4天以上
南海诸岛
比例尺 1:5000万
俄罗斯
蒙古
哈萨克斯坦
吉尔吉斯斯坦
塔吉克斯坦
巴基斯坦
尼泊尔
不丹
印度
孟加拉国
缅甸
老挝
泰国
越南
柬埔寨
朝鲜
韩国
日本
菲律宾
北京
上海
天津
重庆
成都
昆明
贵阳
拉萨

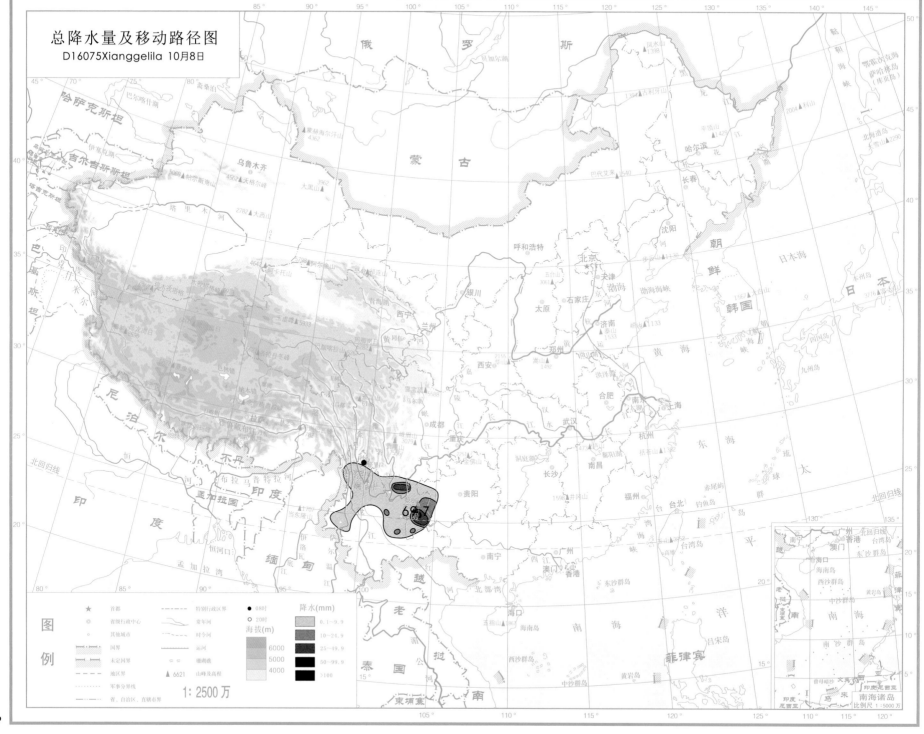

总降水量及移动路径图
D16075Xianggelila 10月8日

1:2500万

总降水日数图

D16075Xianggelila 10月8日

图例
首都
省级行政中心
其他城市
国界
未定国界
地区界
军事分界线
省、自治区、直辖市界
特别行政区界
常年河
时令河
运河
珊瑚礁
6621 山峰及高程
1:2500万
海拔(m)
6000
5000
4000
降水日数
1天
2~3天
4天以上
俄罗斯
蒙古
哈萨克斯坦
吉尔吉斯斯坦
塔吉克斯坦
巴基斯坦
印度
尼泊尔
不丹
孟加拉国
缅甸
老挝
泰国
越南
柬埔寨
朝鲜
韩国
日本
菲律宾
乌鲁木齐
拉萨
西宁
兰州
银川
呼和浩特
北京
天津
石家庄
太原
济南
郑州
西安
成都
重庆
贵阳
昆明
南宁
广州
香港
澳门
海口
长沙
武汉
南昌
合肥
南京
上海
杭州
福州
台北
沈阳
长春
哈尔滨
渤海
黄海
东海
南海
日本海
太平洋
南海诸岛
比例尺 1:5000万

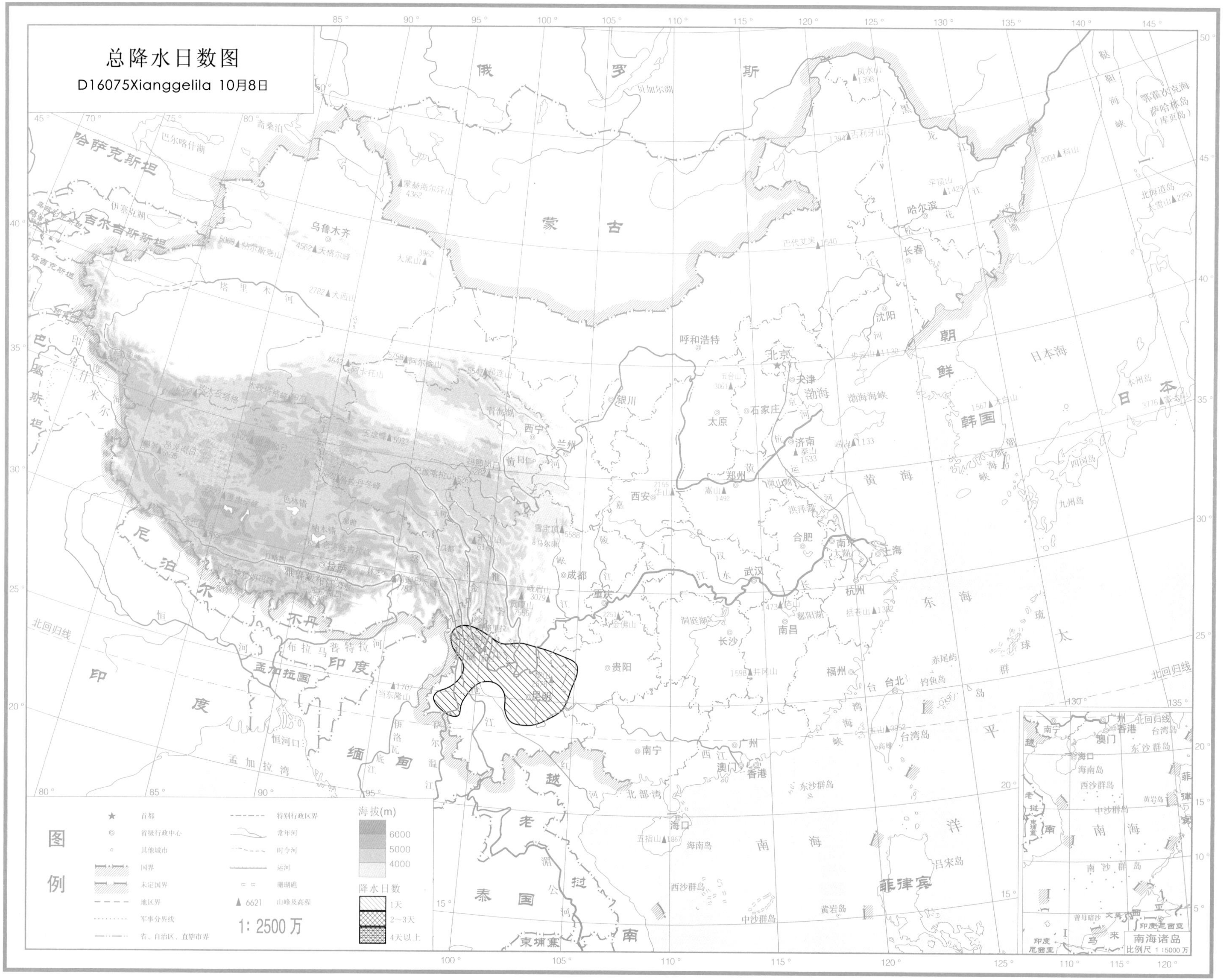

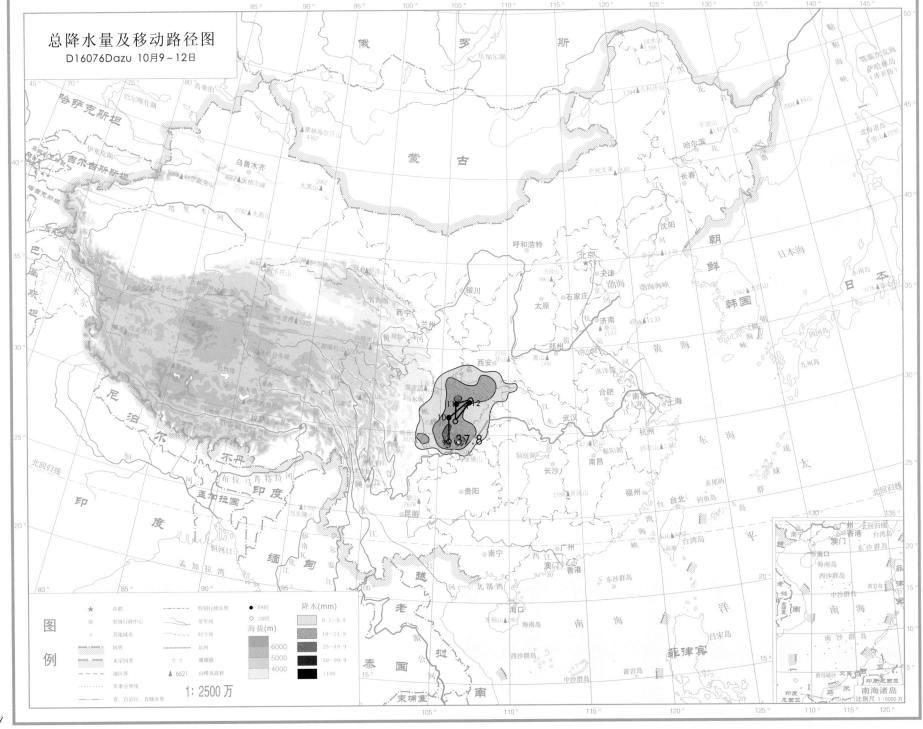

总降水量及移动路径图

D16076Dazu 10月9~12日

总降水日数图
D16076Dazu 10月9～12日

1：2500万

185

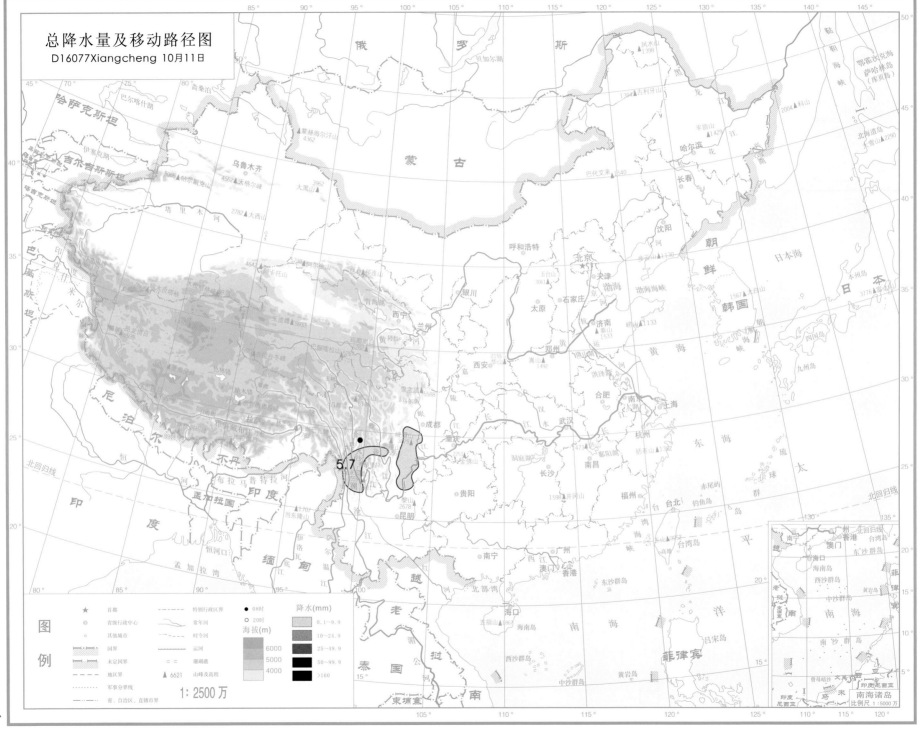

总降水量及移动路径图
D16077Xiangcheng 10月11日

总降水日数图

D16077Xiangcheng 10月11日

图例

★ 首都
◎ 省级行政中心
○ 其他城市

国界
未定国界
地区界
军事分界线
省、自治区、直辖市界

特别行政区界
常年河
时令河
运河
珊瑚礁
▲ 6621 山峰及高程

海拔(m)
6000
5000
4000

降水日数
1天
2～3天
4天以上

1:2500万

南海诸岛
比例尺 1:5000万

187

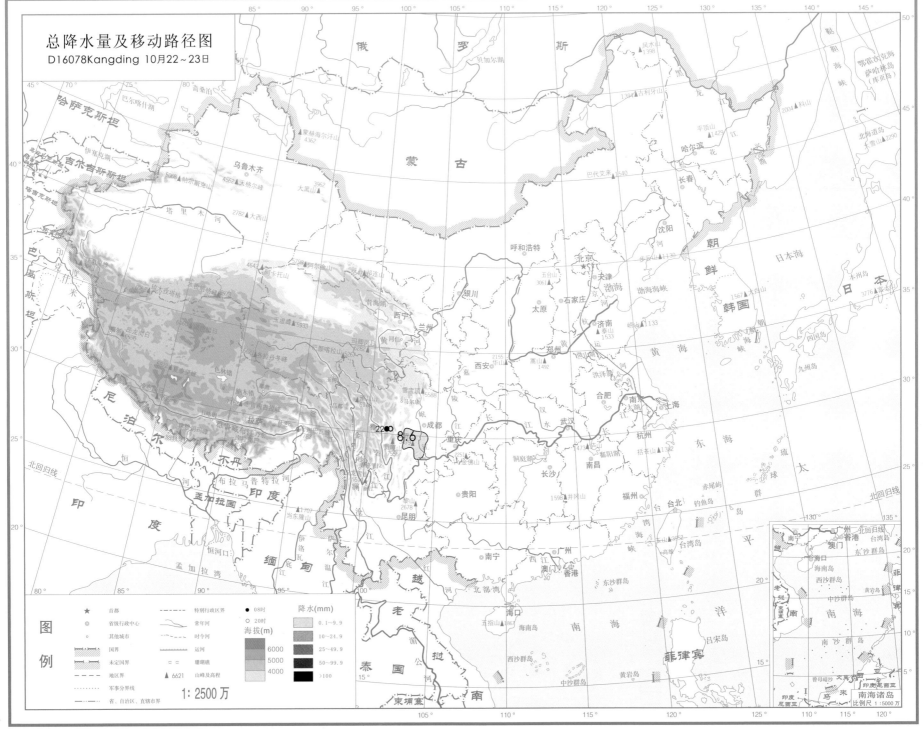

总降水量及移动路径图
D16078Kangding 10月22~23日

总降水日数图
D16078Kangding 10月22~23日

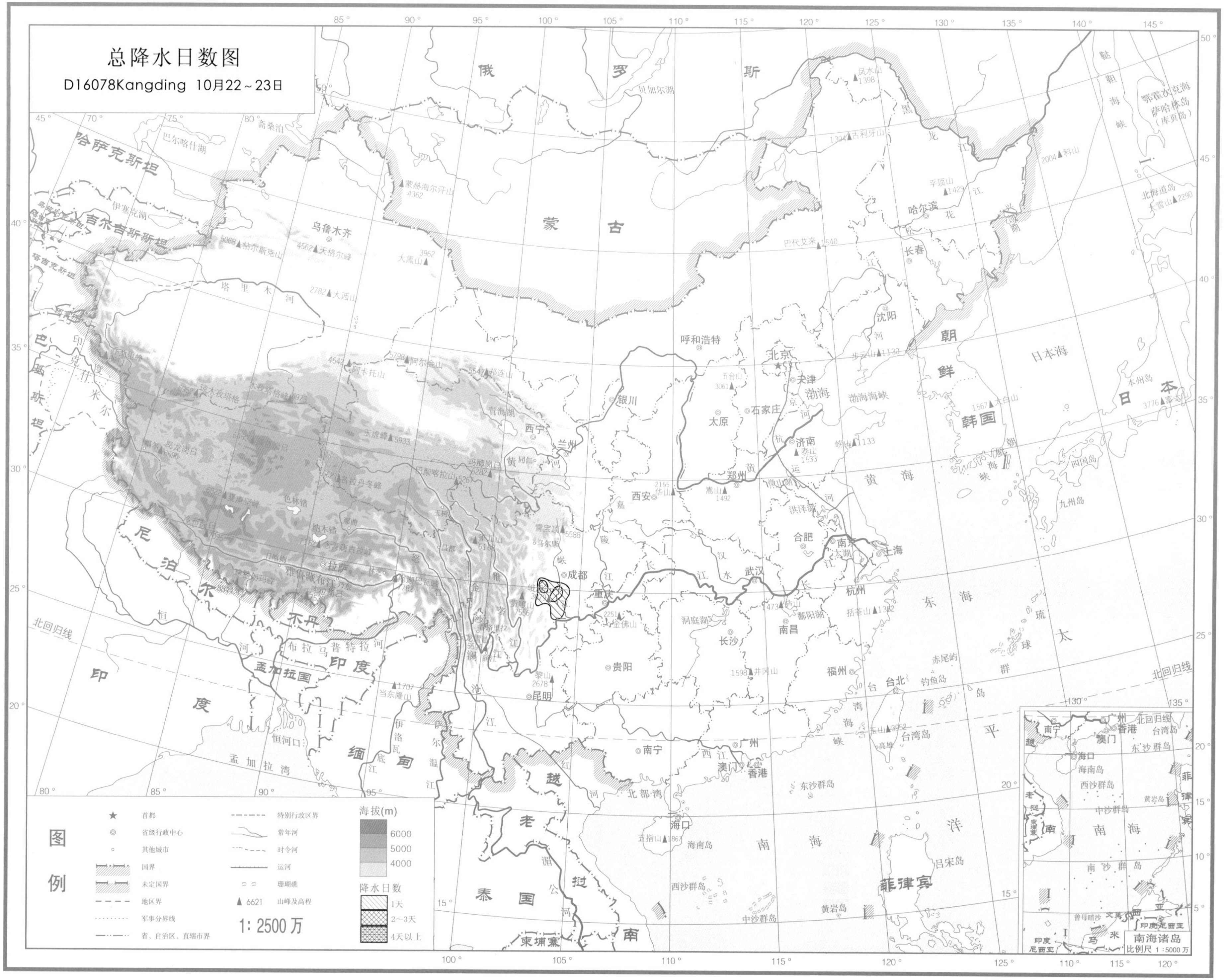

俄 罗 斯
蒙 古
哈萨克斯坦
吉尔吉斯斯坦

乌鲁木齐

朝鲜
韩国
日本海
日本

北京
呼和浩特
天津
银川
太原
石家庄
西宁
兰州
济南
郑州
西安
成都
重庆
武汉
合肥
南京
上海
杭州
东海
长沙
南昌
福州
台北
贵阳
昆明
南宁
广州
澳门 香港
南海
太平洋
海口
南海诸岛

印度
尼泊尔
不丹
孟加拉国
缅甸
越南
老挝
泰国
柬埔寨
菲律宾
印度尼西亚
马来西亚

图例

星	首都
◎	省级行政中心
○	其他城市

特别行政区界
常年河
时令河
运河
疆期礁
▲6621 山峰及高程

国界
未定国界
地区界
军事分界线
省、自治区、直辖市界

海拔(m)
6000
5000
4000

降水日数
1天
2~3天
4天以上

1:2500万

南海诸岛
比例尺 1:5000万

189

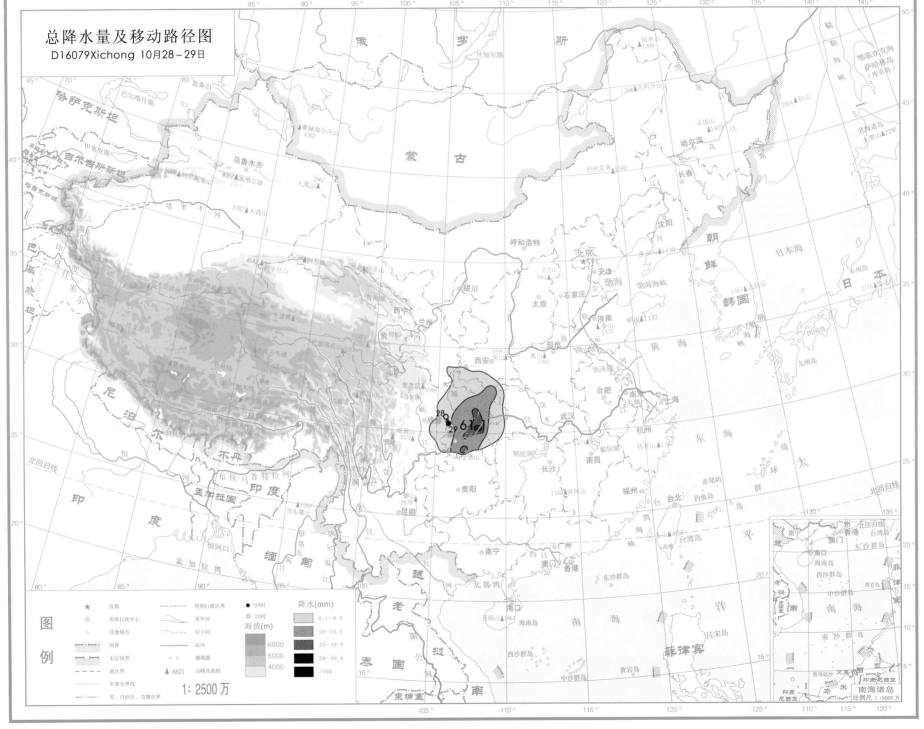

总降水量及移动路径图
D16079Xichong 10月28~29日

总降水日数图
D16079Xichong 10月28~29日

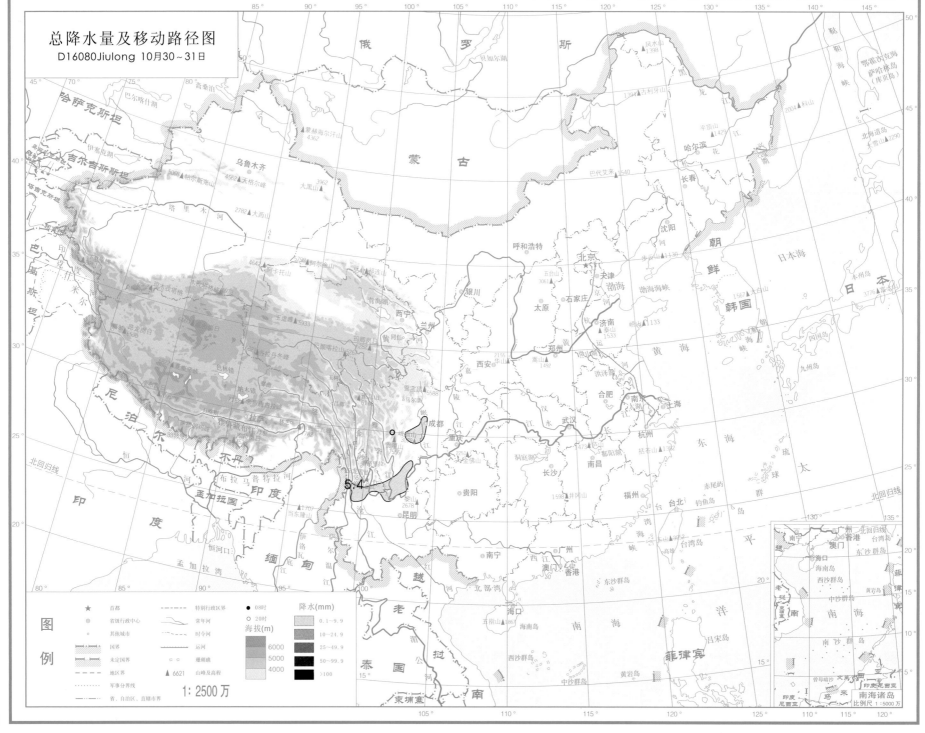

总降水量及移动路径图
D16080Jiulong 10月30~31日

总降水日数图

D16080Jiulong 10月30～31日

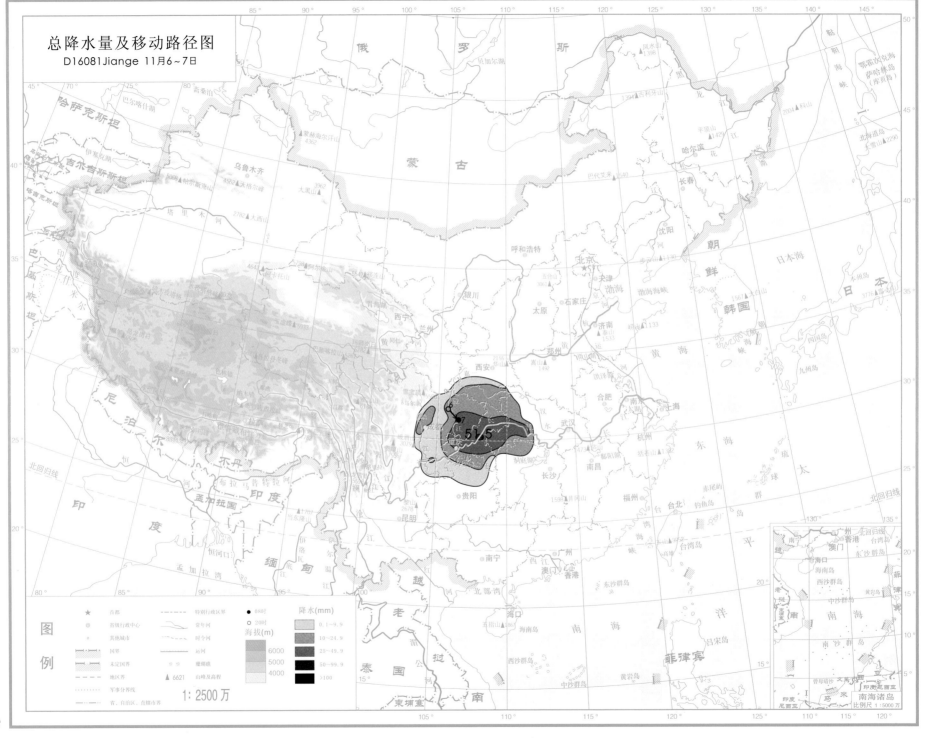

総降水量及移動路径图
D16081Jiange 11月6~7日

51.5

总降水日数图

D16081Jiange 11月6~7日

图例

符号	说明	符号	说明
★	首都	----	特别行政区界
◎	省级行政中心	∿	常年河
○	其他城市	∿	时令河
	国界	∿	运河
	未定国界	⊂ ⊃	覆明道
---	地区界	▲ 6621	山峰及高程
····	军事分界线		
—·—	省、自治区、直辖市界		

海拔(m)

6000
5000
4000

降水日数

1天
2~3天
4天以上

1 : 2500 万

南海诸岛
比例尺 1 : 5000 万

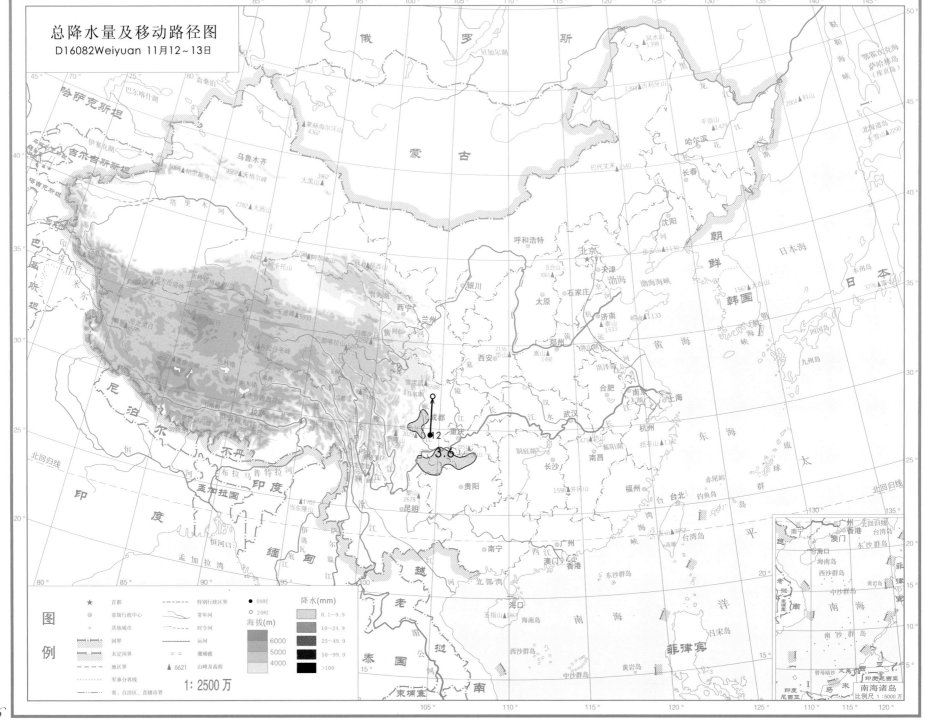

总降水量及移动路径图
D16082Weiyuan 11月12~13日

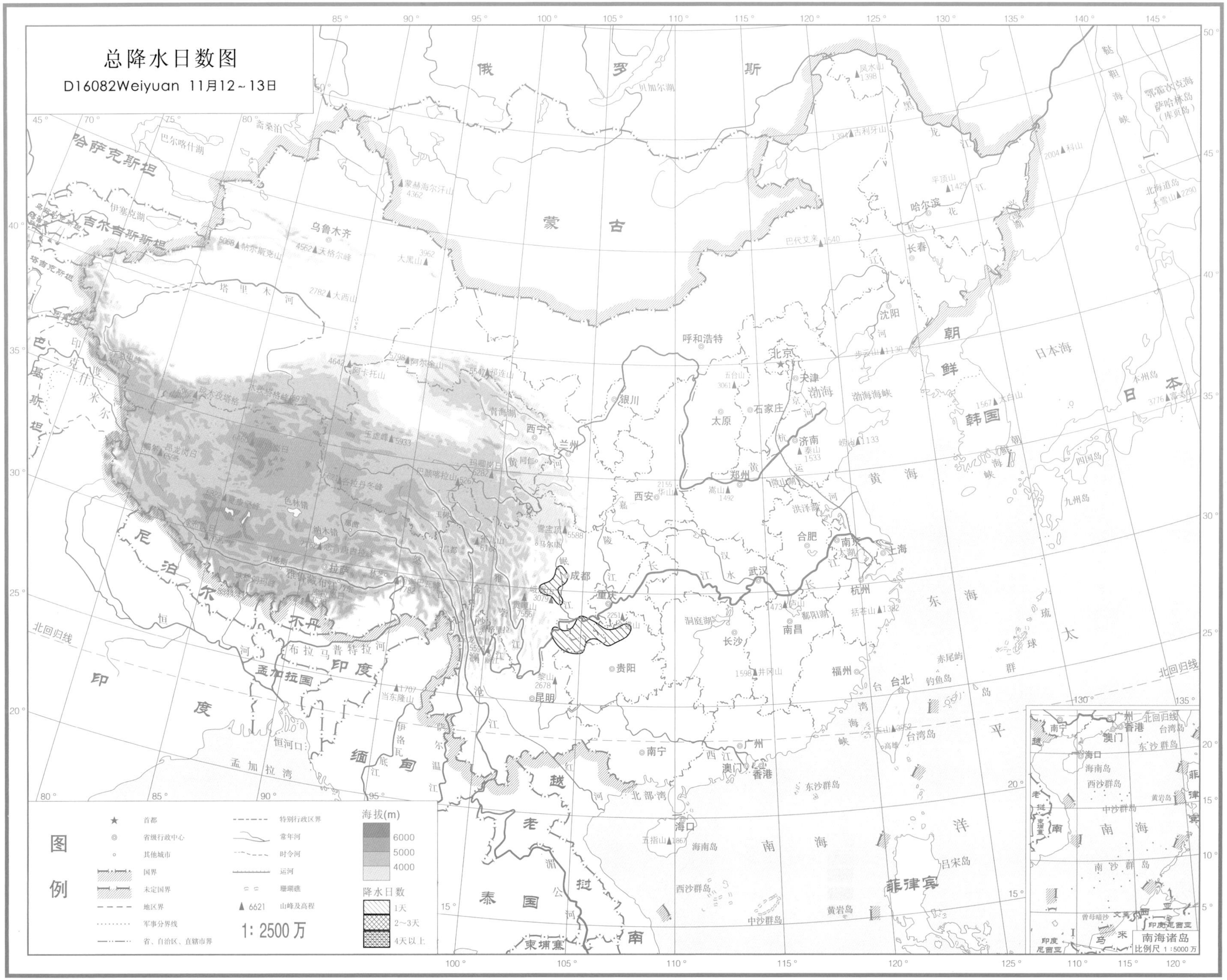

总降水日数图
D16082Weiyuan 11月12~13日
图例
首都
省级行政中心
其他城市
国界
未定国界
地区界
军事分界线
省、自治区、直辖市界
特别行政区界
常年河
时令河
运河
珊瑚礁
6621 山峰及高程
海拔(m)
6000
5000
4000
降水日数
1天
2~3天
4天以上
1: 2500万
俄罗斯
蒙古
哈萨克斯坦
吉尔吉斯斯坦
塔吉克斯坦
巴基斯坦
尼泊尔
不丹
印度
孟加拉国
缅甸
老挝
泰国
越南
柬埔寨
朝鲜
韩国
日本
菲律宾
北京
天津
石家庄
太原
呼和浩特
沈阳
长春
哈尔滨
济南
郑州
西安
银川
西宁
兰州
乌鲁木齐
拉萨
成都
重庆
贵阳
昆明
南宁
广州
香港
澳门
海口
长沙
武汉
南昌
合肥
南京
上海
杭州
福州
台北
渤海
黄海
东海
南海
日本海
太平洋
孟加拉湾
北部湾
台湾海峡
台湾岛
海南岛
东沙群岛
西沙群岛
中沙群岛
黄岩岛
北回归线
南海诸岛
比例尺 1:5000万

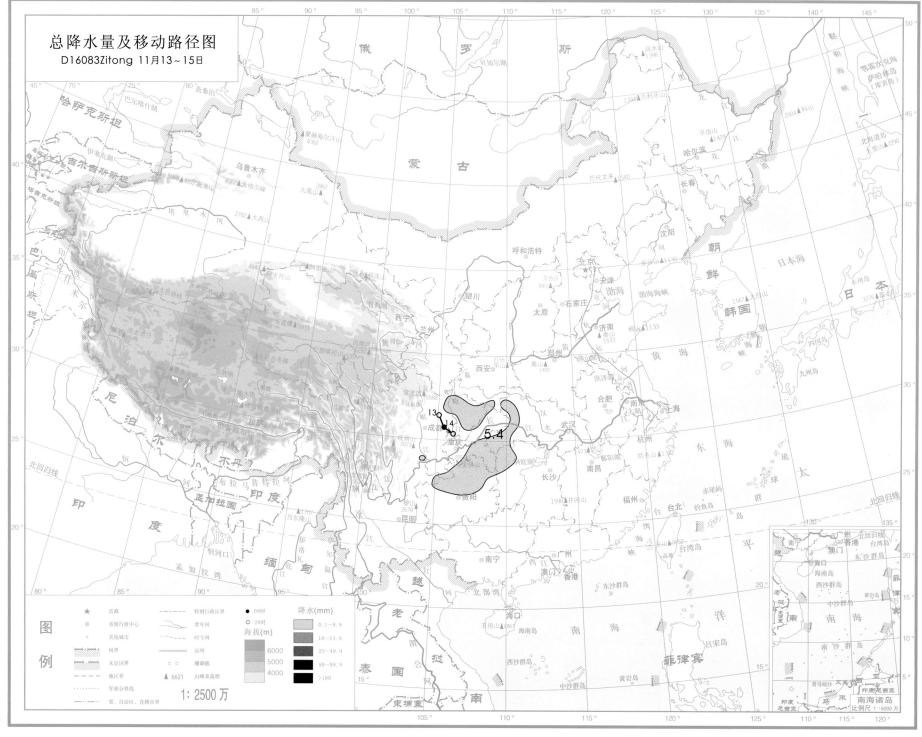

总降水量及移动路径图
D16083Zitong 11月13~15日

总降水日数图

D16083Zitong 11月13~15日

图例

★	首都
◎	省级行政中心
○	其他城市

	国界
	未定国界
	地区界
	军事分界线
	省、自治区、直辖市界

	特别行政区界
	常年河
	时令河
	运河
═ ═	珊瑚礁
▲ 6621	山峰及高程

1:2500万

海拔(m)

	6000
	5000
	4000

降水日数

	1天
	2~3天
	4天以上

南海诸岛
比例尺 1:5000万

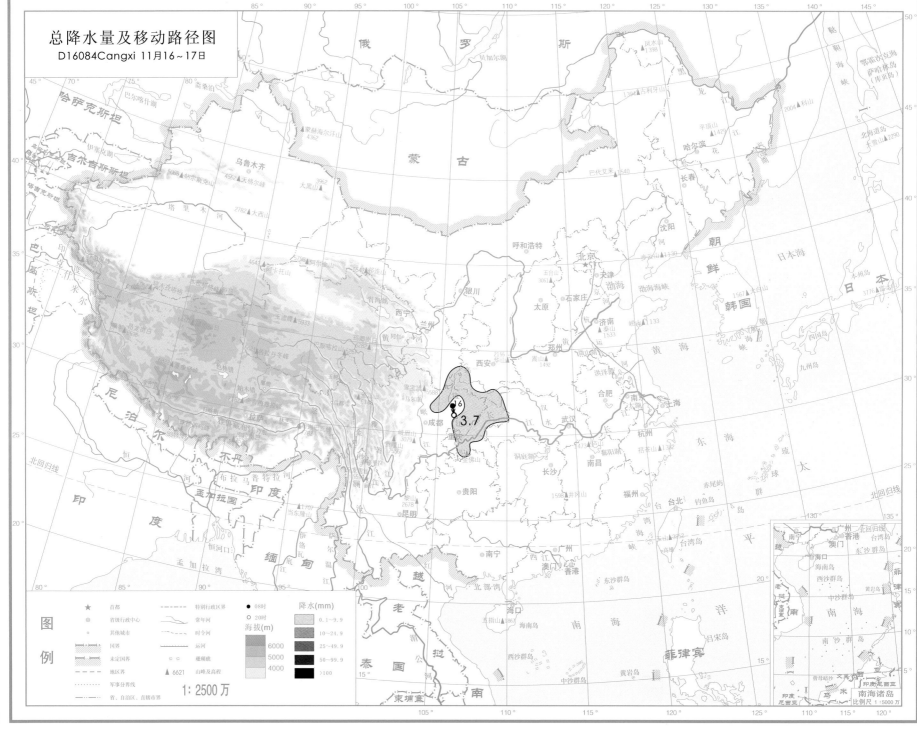

总降水量及移动路径图
D16084Cangxi 11月16~17日

总降水日数图

D16084Cangxi 11月16~17日

图例

	首都		特别行政区界
省级行政中心		常年河
其他城市		时令河
	国界		运河
	未定国界		珊瑚礁
	地区界	▲ 6621	山峰及高程
	军事分界线		
	省、自治区、直辖市界		

1:2500万

海拔(m)
- 6000
- 5000
- 4000

降水日数
- 1天
- 2~3天
- 4天以上

南海诸岛
比例尺 1:5000万

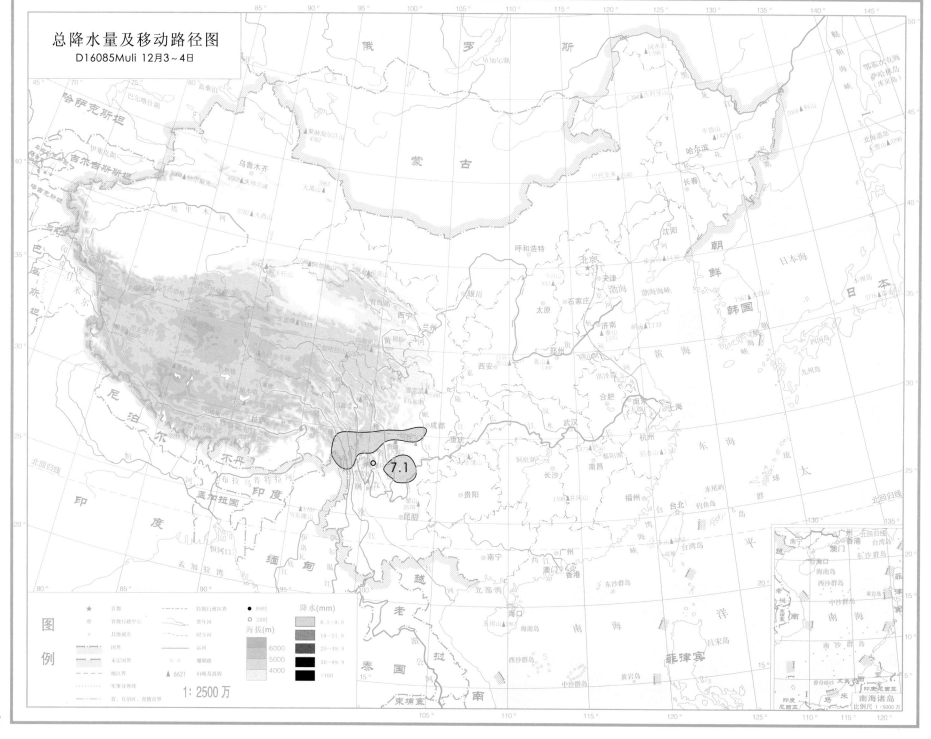

7.1

1 : 2500 万

总降水日数图
D16085Muli 12月3~4日

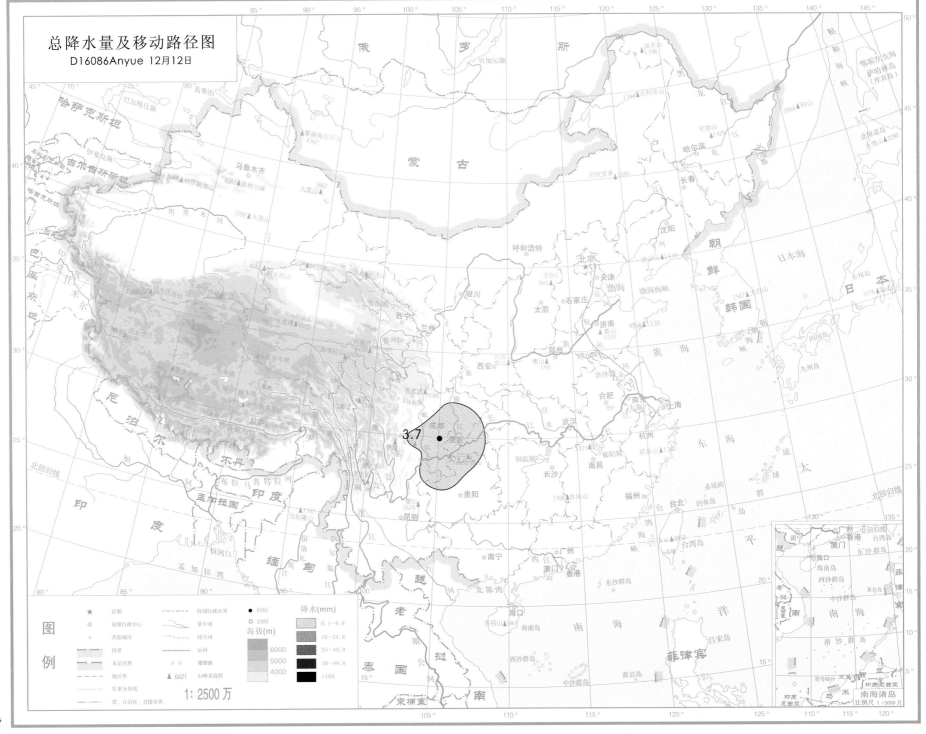

总降水量及移动路径图
D16086Anyue 12月12日

1: 2500万

总降水日数图

D16086Anyue 12月12日

图例

★	首都	------	特别行政区界
◎	省级行政中心		常年河
○	其他城市		时令河
	国界		运河
	未定国界	⌐⌐	珊瑚礁
	地区界	▲ 6621	山峰及高程
	军事分界线		
	省、自治区、直辖市界		

1：2500万

海拔(m)

6000
5000
4000

降水日数

1天
2～3天
4天以上

俄　罗　斯

蒙　古

哈萨克斯坦

吉尔吉斯斯坦

印度

尼泊尔

不丹

孟加拉国

缅甸

老挝

泰国

越南

朝鲜

韩国

日本

菲律宾

乌鲁木齐
北京
呼和浩特
银川
西宁
兰州
太原
石家庄
天津
沈阳
哈尔滨
长春
济南
郑州
西安
成都
重庆
贵阳
昆明
南宁
海口
合肥
南京
上海
杭州
武汉
长沙
南昌
福州
台北
广州
香港
澳门

贝加尔湖
巴尔喀什湖
斋桑泊
伊塞克湖
青海湖
洞庭湖
鄱阳湖
黄海
东海
渤海
日本海
南海
孟加拉湾
北部湾
北回归线

南海诸岛
比例尺 1：5000万

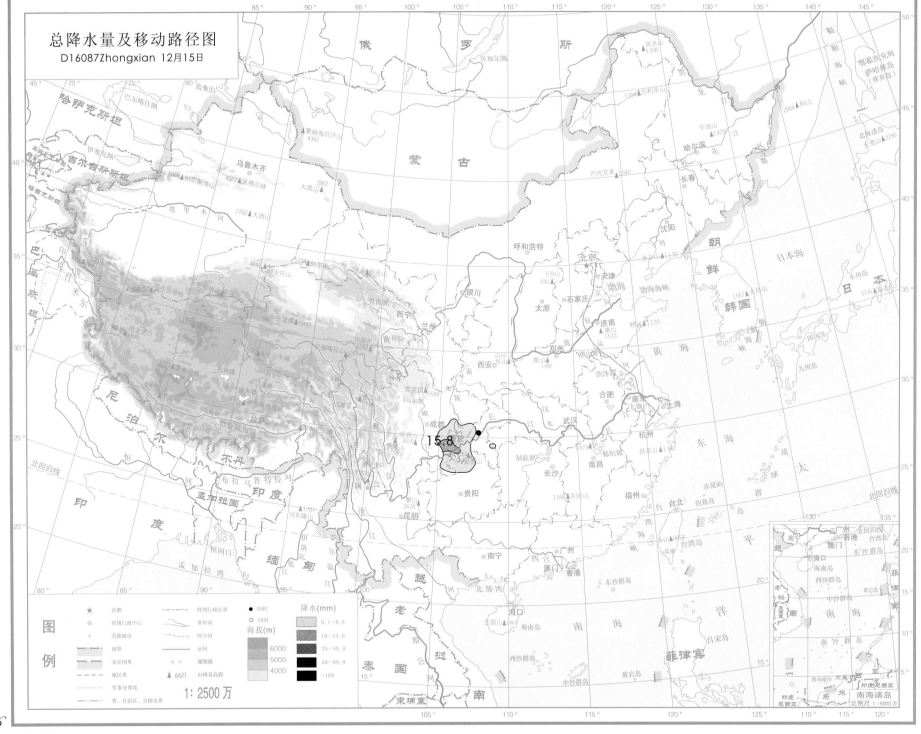

总降水量及移动路径图
D16087Zhongxian 12月15日

15.8

1: 2500万

总降水日数图

D16087Zhongxian 12月15日

图例

★	首都	------	特别行政区界
◎	省级行政中心		常年河
○	其他城市		时令河
	国界		运河
	未定国界		珊瑚礁
---	地区界	▲ 6621	山峰及高程
....	军事分界线		
	省、自治区、直辖市界		

1:2500万

海拔(m)

- 6000
- 5000
- 4000

降水日数

- 1天
- 2~3天
- 4天以上

南海诸岛
比例尺 1:5000万

207

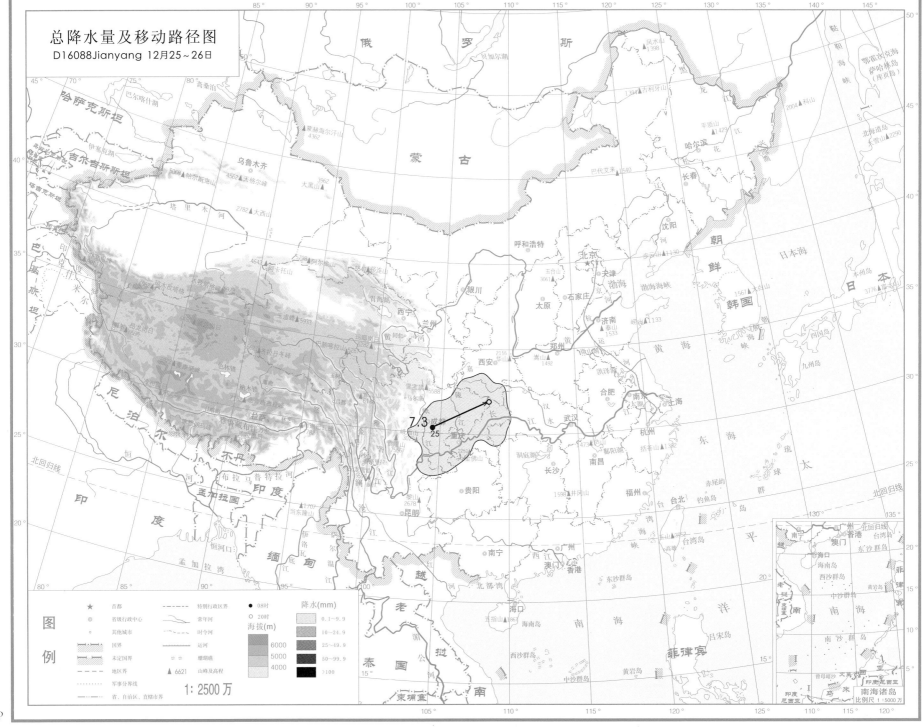

总降水量及移动路径图
D16088Jianyang 12月25～26日

7.3

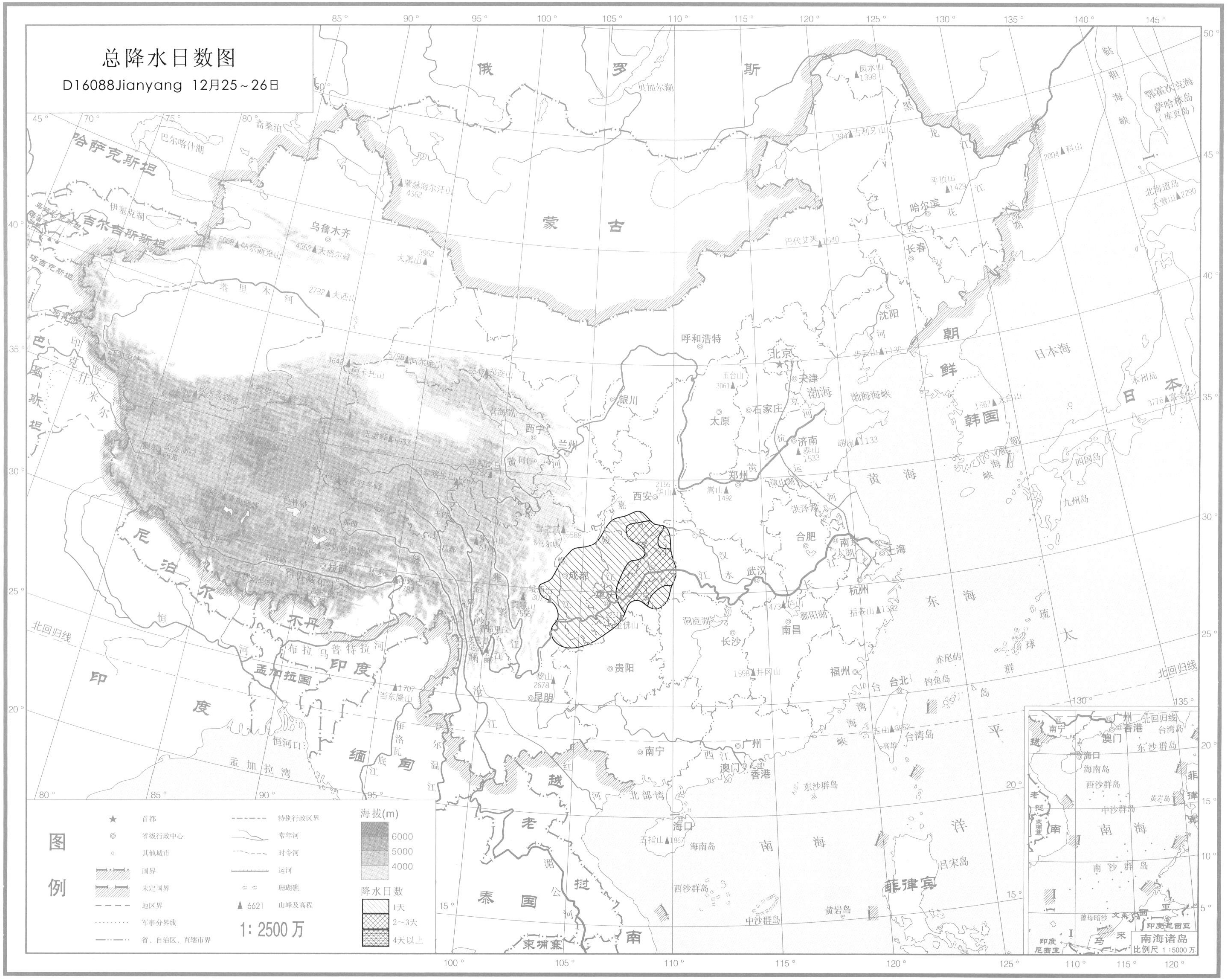

总降水日数图
D16088Jianyang 12月25～26日
图例
首都
省级行政中心
其他城市
国界
未定国界
地区界
军事分界线
省、自治区、直辖市界
特别行政区界
常年河
时令河
运河
珊瑚礁
山峰及高程
1: 2500万
海拔(m)
6000
5000
4000
降水日数
1天
2～3天
4天以上
俄
罗
斯
蒙
古
哈萨克斯坦
吉尔吉斯斯坦
塔吉克斯坦
巴基斯坦
尼泊尔
不丹
孟加拉国
印度
缅甸
老挝
泰国
越南
柬埔寨
菲律宾
朝鲜
韩国
日本
日本海
黄海
东海
南海
渤海
太平洋
北回归线
乌鲁木齐
呼和浩特
北京
天津
石家庄
太原
济南
郑州
西安
银川
西宁
兰州
成都
重庆
贵阳
昆明
南宁
广州
香港
澳门
海口
长沙
武汉
南昌
合肥
南京
上海
杭州
福州
台北
沈阳
长春
哈尔滨
拉萨
台湾岛
海南岛
东沙群岛
西沙群岛
中沙群岛
黄岩岛
南沙群岛
赤尾屿
钓鱼岛
南海诸岛
比例尺 1:5000万

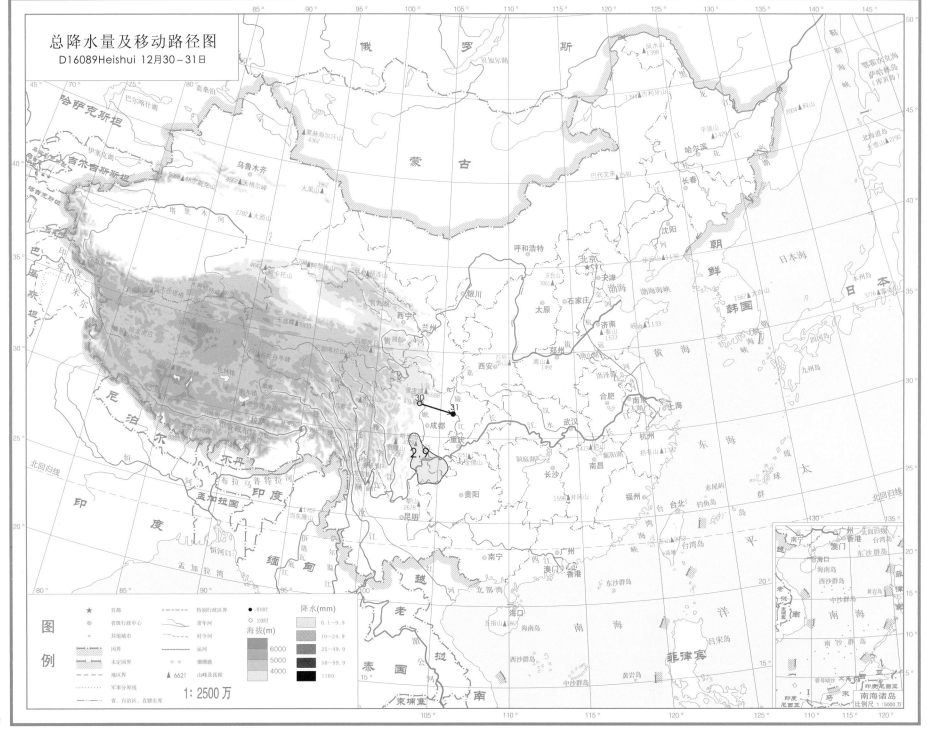

总降水量及移动路径图
D16089Heishui 12月30～31日

俄　罗　斯

贝加尔湖

蒙　古

哈萨克斯坦

吉尔吉斯斯坦

塔　里　木　河

乌鲁木齐

天格尔峰

大黑山▲

大西山▲2782

蒙赫海尔汗山4362

平顶山▲1429

古利牙山1394

科山▲2004

鄂霍次克海
萨哈林岛
（库页岛）

北海道岛
雪山▲2290

巴代艾来1540

长春

哈尔滨

沈阳

步云山▲1139

朝　鲜

日本海

韩　国

本州岛

富士山▲3776

巴基斯坦

喀拉昆仑山

昆仑山

阿尔金山

阿东格尔山

祁连山

呼和浩特

北京

天津

五台山▲3061

太原

石家庄

银川

西宁

兰州

青海湖

黄南仁

黄河

郑州

嵩山▲1492

华山▲2155

西安

渤海

济南

泰山▲1533

运河

黄　海

崂山▲1133

日本

尼泊尔

印　度

珠穆朗玛峰8848

玉龙峰▲5933

巴颜喀拉山峰

马那斯日峰8282

色林错

纳木错

拉萨

雅鲁藏布江

贡嘎山▲7556

岷江

成都

重庆

长　江

汉水

武汉

汉江

洪泽湖

合肥

南京

上海

杭州

天目山▲1473

鄱阳湖

括苍山▲1382

东　海

琉　球　群　岛

太

布拉马普特拉河

孟加拉国

恒河

北回归线

蒙山▲2678

昆明

贵阳

长沙

南昌

井冈山▲1598

福州

台北

钓鱼岛

赤尾屿

平

缅　甸

恒河口

当隆山▲1707

澜沧江

怒江

金沙江

红河

南宁

西　江

广州

澳门

香港

台湾海峡

台湾岛

玉山▲3952

北回归线

孟加拉湾

越　南

老　挝

北部湾

东沙群岛

南　海

东　海

印度尼西亚

泰　国

柬　埔　寨

五指山▲1867

海口

海南岛

西沙群岛

中沙群岛

黄岩岛

菲　律　宾

图例

★	首都	-----	特别行政区界
◎	省级行政中心		常年河
○	其他城市		时令河
	国界	＝＝	运河
	未定国界	≈≈	珊瑚礁
	地区界	▲6621	山峰及高程
	军事分界线		
	省、自治区、直辖市界		

海拔(m)

6000
5000
4000

降水日数

1天
2~3天
4天以上

1：2500万

南宁

南

越

老挝

缅

泰

柬埔寨

马

印
尼西亚

印度

广州

北回归线

香港

澳门

海口

海南岛

西沙群岛

东沙群岛

中沙群岛

南沙群岛

黄岩岛

曾母暗沙

文莱

菲
律
宾

南海诸岛
比例尺 1:5000万

2016年西南低涡中心位置资料表

月	日	时	中心位置 东经/(°)	中心位置 北纬/(°)	位势高度/位势什米	月	日	时	中心位置 东经/(°)	中心位置 北纬/(°)	位势高度/位势什米	月	日	时	中心位置 东经/(°)	中心位置 北纬/(°)	位势高度/位势什米
① 1月6~7日 (D16001) 雅江，Yajiang						⑤ 1月28日 (D16005) 西充，Xichong						⑩ 2月14日 (D16010) 南充，Nanchong					
1	6	20	100.96	29.59	304	1	28	08	105.71	31.03	301	2	14	08	106.31	30.92	305
	7	08	107.81	31.98	308			20	106.61	29.92	303	消失					
消失						消失						⑪ 2月15~17日 (D16011) 茂县，Maoxian					
② 1月9~10日 (D16002) 邻水，Linshui						⑥ 1月30~31日 (D16006) 南江，Nanjiang						2	15	20	103.68	31.96	307
1	9	20	107.14	30.42	304	1	30	20	106.46	31.98	304		16	08	105.82	30.32	308
	10	08	106.66	30.70	304		31	08	106.54	31.31	305			20	107.66	29.55	307
消失						消失							17	08	105.74	30.41	307
③ 1月16~17日 (D16003) 南充，Nanchong						⑦ 2月4日 (D16007) 木里，Muli						消失					
1	16	08	106.32	30.76	297	2	4	08	100.73	28.34	307	⑫ 2月17~18日 (D16012) 九龙，Jiulong					
		20	113.47	31.52	299	消失						2	17	20	101.35	29.11	306
	17	08	119.13	33.11	297	⑧ 2月5日 (D16008) 乡城，Xiangcheng							18	08	103.59	29.29	306
消失						2	5	08	99.97	28.87	308	消失					
④ 1月22日 (D16004) 广安，Guangan						消失						⑬ 2月19日 (D16013) 盐源，Yanyuan					
1	22	20	106.85	30.65	308	⑨ 2月8日 (D16009) 茂县，Maoxian						2	19	20	101.40	27.27	308
消失						2	8	20	103.72	32.04	306	消失					
						消失											

2016年西南低涡中心位置资料表（续-1）

月	日	时	中心位置 东经/(°)	中心位置 北纬/(°)	位势高度/位势什米	月	日	时	中心位置 东经/(°)	中心位置 北纬/(°)	位势高度/位势什米	月	日	时	中心位置 东经/(°)	中心位置 北纬/(°)	位势高度/位势什米
⑭ 2月20~21日						⑱ 3月1日						㉑ 3月8~9日					
（D16014）九寨沟，Jiuzhaigou						（D16018）南部，Nanbu						（D16021）九龙，Jiulong					
2	20	20	103.87	32.97	301	3	1	20	106.08	31.39	309	3	8	08	101.80	29.05	304
	21	08	103.59	32.96	300	消失								20	101.93	29.45	304
消失						⑲ 3月4~5日							9	08	106.63	31.83	305
⑮ 2月21日						（D16019）九龙，Jiulong						消失					
（D16015）康定，Kangding						3	4	20	101.74	28.92	307	㉒ 3月12日					
2	21	08	101.78	30.38	297		5	08	108.00	27.91	310	（D16022）万州，Wanzhou					
		20	101.72	28.56	298	消失						3	12	20	108.47	30.94	301
消失						⑳ 3月6~8日						消失					
⑯ 2月23日						（D16020）茂县，Maoxian						㉓ 3月17日					
（D16016）桐梓，Tongzi						3	6	20	103.40	31.78	304	（D16023）通江，Tongjiang					
2	23	08	106.56	28.09	311		7	08	103.54	31.44	304	3	17	08	107.19	32.14	303
		20	111.72	28.90	312			20	102.30	30.77	302	消失					
消失							8	08	108.48	30.46	303	㉔ 3月22~24日					
⑰ 2月25日								20	108.16	32.20	304	（D16024）渠县，Quxian					
（D16017）木里，Muli						消失						3	22	20	107.06	30.72	305
2	25	08	100.70	28.85	312								23	08	108.39	30.85	308
消失														20	110.62	30.54	310
													24	08	116.06	30.57	309
												消失					

2016年西南低涡中心位置资料表（续-2）

月	日	时	中心位置 东经/(°)	中心位置 北纬/(°)	位势高度/位势什米	月	日	时	中心位置 东经/(°)	中心位置 北纬/(°)	位势高度/位势什米	月	日	时	中心位置 东经/(°)	中心位置 北纬/(°)	位势高度/位势什米
			㉕ 3月29~31日						㉘ 4月5日						㉛ 4月13~14日		
			（D16025）遂宁，Suining						（D16028）雅江，Yajiang						（D16031）康定，Kangding		
3	29	08	105.51	30.56	307	4	5	20	101.14	29.63	298	4	13	20	101.63	29.87	300
		20	106.72	30.90	308				消失				14	08	105.77	30.60	305
	30	08	112.59	30.92	307				㉙ 4月7~10日					20	105.76	30.53	306
		20	116.29	31.45	306				（D16029）康定，Kangding						消失		
	31	08	121.63	32.46	304	4	7	20	101.23	29.22	306				㉜ 4月17日		
		20	128.51	33.86	304		8	08	101.09	30.01	309				（D16032）康定，Kangding		
			消失					20	104.82	30.43	308	4	17	08	101.48	28.90	309
			㉖ 4月1日				9	08	105.65	31.27	306			20	100.95	28.12	311
			（D16026）安岳，Anyue					20	108.33	31.94	306				消失		
4	1	08	105.25	30.13	306		10	08	110.73	30.70	306				㉝ 4月19日		
		20	106.14	30.62	306				消失						（D16033）开县，Kaixian		
			消失						㉚ 4月9日			4	19	20	108.17	31.00	306
			㉗ 4月2~3日						（D16030）九龙，Jiulong						消失		
			（D16027）松潘，Songpan			4	9	20	101.32	29.07	303				㉞ 4月19~20日		
4	2	20	103.46	32.27	306										（D16034）九龙，Jiulong		
	3	08	106.20	30.27	308				消失			4	19	20	101.47	29.09	305
			消失											20	08	106.59	30.48	307
														20	114.73	32.22	305
															消失		

2016年西南低涡中心位置资料表（续-3）

月	日	时	东经/(°)	北纬/(°)	位势高度/位势什米	月	日	时	东经/(°)	北纬/(°)	位势高度/位势什米	月	日	时	东经/(°)	北纬/(°)	位势高度/位势什米
㉟ 4月21日 （D16035）邻水，Linshui						㊴ 4月24日 （D16039）遂宁，Suining						㊷ 5月5日 （D16042）木里，Muli					
4	21	20	107.07	30.46	308	4	24	20	105.59	30.33	306	5	5	08	101.14	28.48	309
消失						消失						消失					
㊱ 4月21~23日 （D16036）木里，Muli						㊵ 4月25~26日 （D16040）木里，Muli						㊸ 5月6~9日 （D16043）巴中，Bazhong					
4	21	20	101.46	28.51	306	4	25	20	101.07	29.01	303	5	6	20	106.75	31.68	303
	22	08	102.67	28.33	304		26	08	101.70	28.38	308		7	08	108.69	31.12	306
		20	106.28	30.85	303	消失								20	108.25	32.11	308
	23	08	113.62	31.43	303	㊶ 4月27~30日 （D16041）九龙，Jiulong							8	08	110.85	34.10	308
消失						4	27	20	101.34	28.86	308			20	112.14	34.78	307
㊲ 4月22~23日 （D16037）木里，Muli							28	08	101.10	27.45	310		9	08	115.50	34.49	306
4	22	20	100.85	28.76	301			20	102.47	27.05	311	消失					
	23	08	100.72	28.91	303		29	08	102.55	28.91	310	㊹ 5月7日 （D16044）木里，Muli					
消失								20	105.19	29.70	309	5	7	08	101.00	28.66	308
㊳ 4月24日 （D16038）九龙，Jiulong							30	08	106.05	30.54	308						
4	24	20	101.45	28.95	305			20	105.91	31.20	307	消失					
消失						消失											

2016年西南低涡中心位置资料表（续-4）

月	日	时	中心位置 东经/(°)	中心位置 北纬/(°)	位势高度 / 位势什米	月	日	时	中心位置 东经/(°)	中心位置 北纬/(°)	位势高度 / 位势什米	月	日	时	中心位置 东经/(°)	中心位置 北纬/(°)	位势高度 / 位势什米
㊺ 5月19~22日 （D16045）蓬溪，Pengxi						㊽ 6月1~2日 （D16048）蓬安，Pengan						㉜ 6月8日 （D16052）雅江，Yajiang					
5	19	08	105.71	30.70	307	6	1	08	106.24	31.10	308	6	8	08	100.78	29.72	308
		20	107.97	30.15	307			20	107.27	32.34	307	消失					
	20	08	107.91	30.20	307		2	08	107.79	32.02	306	㉝ 6月9~11日 （D16053）木里，Muli					
		20	115.50	30.77	308			20	112.57	33.70	307	6	9	20	100.76	28.73	306
	21	08	118.06	30.54	310	消失							10	08	101.33	27.28	310
		20	116.13	31.53	310	㊾ 6月2日 （D16049）九龙，Jiulong								20	101.25	27.43	307
	22	08	118.95	32.65	311	6	2	20	101.54	29.26	307		11	08	101.28	27.19	310
消失						消失						消失					
㊻ 5月22日 （D16046）宁蒗，Ninglang						㊿ 6月4日 （D16050）雅江，Yajiang						㉞ 6月19日 （D16054）乐至，Lezhi					
5	22	20	100.45	27.46	307	6	4	20	100.98	29.13	308	6	19	08	105.17	30.27	308
消失						消失								20	106.68	29.62	308
㊼ 5月24~26日 （D16047）平武，Pingwu						㉑ 6月7日 （D16051）纳雍，Nayong											
5	24	20	104.40	32.28	304	6	7	08	105.49	26.85	312						
	25	08	105.43	30.98	305							消失					
		20	107.30	32.14	307												
	26	08	107.15	31.94	308	消失											
消失																	

2016年西南低涡中心位置资料表（续-5）

月	日	时	中心位置 东经/(°)	中心位置 北纬/(°)	位势高度/位势什米	月	日	时	中心位置 东经/(°)	中心位置 北纬/(°)	位势高度/位势什米	月	日	时	中心位置 东经/(°)	中心位置 北纬/(°)	位势高度/位势什米
⑤ 6月21~22日 (D16055) 康定, Kangding						⑧ 7月5~6日 (D16058) 雅江, Yajiang						⑥ 8月18日 (D16062) 康定, Kangding					
6	21	08	101.63	29.55	310	7	5	08	101.07	29.77	306	8	18	08	101.88	30.23	308
		20	100.79	28.94	308			20	100.79	28.95	308	消失					
	22	08	101.23	27.84	310		6	08	100.62	28.85	309	⑥ 8月30日 (D16063) 盐源, Yanyuan					
		20	103.74	33.22	308	消失						8	30	08	101.35	27.38	309
消失						⑨ 7月13~14日 (D16059) 雅江, Yajiang								20	100.95	28.19	310
⑤ 6月28日 (D16056) 木里, Muli						7	13	08	100.69	29.95	308	消失					
6	28	20	100.87	28.82	307			20	101.01	30.31	302	⑥ 8月30日 (D16064) 万源, Wanyuan					
消失							14	08	102.45	29.82	306	8	30	08	108.03	32.06	311
⑤ 6月30日~7月1日 (D16057) 射洪, Shehong						消失						消失					
6	30	08	105.27	30.73	308	⑥ 7月21日 (D16060) 雅江, Yajiang						⑥ 9月2日 (D16065) 松潘, Songpan					
		20	108.56	31.38	306	7	21	20	101.01	30.07	307	9	2	20	103.88	32.45	309
7	1	08	112.64	34.43	305	消失											
						⑥ 8月9~10日 (D16061) 永川, Yongchuan											
消失						8	9	08	105.70	29.38	309	消失					
								20	105.41	29.91	310						
							10	08	105.54	30.29	312						

2016年西南低涡中心位置资料表（续-6）

⑥⑥ 9月4~5日　（D16066）盐源，Yanyuan

月	日	时	东经/(°)	北纬/(°)	位势高度/位势什米
9	4	08	101.11	27.36	310
		20	100.12	27.44	310
	5	08	101.02	30.25	305
消失					

⑥⑦ 9月9~10日　（D16067）苍溪，Cangxi

月	日	时	东经/(°)	北纬/(°)	位势高度/位势什米
9	9	08	106.06	30.95	311
		20	112.73	31.21	312
	10	08	115.13	30.76	312
消失					

⑥⑧ 9月14~15日　（D16068）南部，Nanbu

月	日	时	东经/(°)	北纬/(°)	位势高度/位势什米
9	14	20	106.23	31.15	313
	15	08	106.34	30.89	314
消失					

⑥⑨ 9月18~19日　（D16069）雅江，Yajiang

月	日	时	东经/(°)	北纬/(°)	位势高度/位势什米
9	18	20	101.08	29.51	311
	19	08	102.10	26.45	312
消失					

⑦⓪ 9月19日　（D16070）南充，Nanchong

月	日	时	东经/(°)	北纬/(°)	位势高度/位势什米
9	19	08	105.85	30.81	314
消失					

⑦① 9月22~23日　（D16071）雅江，Yajiang

月	日	时	东经/(°)	北纬/(°)	位势高度/位势什米
9	22	20	100.83	29.82	313
	23	08	105.86	29.03	313
消失					

⑦② 9月26~27日　（D16072）通江，Tongjiang

月	日	时	东经/(°)	北纬/(°)	位势高度/位势什米
9	26	20	107.48	31.92	312
	27	08	107.48	31.83	313
		20	108.22	31.18	314
消失					

⑦③ 9月28日　（D16073）香格里拉，Xianggelila

月	日	时	东经/(°)	北纬/(°)	位势高度/位势什米
9	28	20	99.80	27.46	313
消失					

⑦④ 9月29日~10月1日　（D16074）香格里拉，Xianggelila

月	日	时	东经/(°)	北纬/(°)	位势高度/位势什米
9	29	20	99.71	27.87	311
	30	08	101.22	27.47	312
		20	99.67	28.37	311
10	1	08	101.47	27.37	313
消失					

⑦⑤ 10月8日　（D16075）香格里拉，Xianggelila

月	日	时	东经/(°)	北纬/(°)	位势高度/位势什米
10	8	08	99.79	28.12	314
消失					

⑦⑥ 10月9~12日　（D16076）大足，Dazu

月	日	时	东经/(°)	北纬/(°)	位势高度/位势什米
10	9	20	105.68	29.60	311
	10	08	105.65	31.01	311
		20	107.23	32.07	310
	11	08	106.17	31.81	312
		20	106.10	30.79	312
	12	08	107.07	31.98	313
消失					

2016年西南低涡中心位置资料表（续-7）

月	日	时	中心位置 东经/(°)	中心位置 北纬/(°)	位势高度/位势什米	月	日	时	中心位置 东经/(°)	中心位置 北纬/(°)	位势高度/位势什米	月	日	时	中心位置 东经/(°)	中心位置 北纬/(°)	位势高度/位势什米
⑦⑦ 10月11日						⑧① 11月6~7日						⑧⑤ 12月3日					
（D16077）乡城，Xiangcheng						（D16081）剑阁，Jiange						（D16085）木里，Muli					
10	11	08	99.68	29.44	308	11	6	20	105.73	31.82	310	12	3	20	100.47	28.19	313
消失							7	08	106.45	31.21	311	消失					
⑦⑧ 10月22日						消失						⑧⑥ 12月12日					
（D16078）康定，Kangding						⑧② 11月12日						（D16086）安岳，Anyue					
10	22	08	101.44	30.37	309	（D16082）威远，Weiyuan						12	12	08	105.04	30.00	304
		20	101.65	30.39	309	11	12	08	104.30	29.61	309	消失					
消失								20	104.37	31.96	308	⑧⑦ 12月15日					
⑦⑨ 10月28~29日						消失						（D16087）忠县，Zhongxian					
（D16079）西充，Xichong						⑧③ 11月13~14日						12	15	08	107.84	30.29	312
10	28	20	105.69	30.96	312	（D16083）梓潼，Zitong						消失					
	29	08	105.90	30.54	314	11	13	20	105.09	31.52	308	⑧⑧ 12月25日					
消失							14	08	105.45	30.82	310	（D16088）简阳，Jianyang					
⑧⓪ 10月30日								20	106.12	30.42	313	12	25	08	104.47	30.34	303
（D16080）九龙，Jiulong						消失								20	108.49	31.99	306
10	30	20	101.73	30.07	312	⑧④ 11月16日						消失					
						（D16084）苍溪，Cangxi						⑧⑨ 12月30~31日					
消失						11	16	08	106.01	31.78	309	（D16089）黑水，Heishui					
								20	106.11	31.19	309	12	30	20	103.42	31.93	309
						消失							31	08	105.88	31.40	310
												消失